세상을 발칵 뒤집어 놓은
IT의 역사

11명의 IT 혁신가,
새로운 미래를 열다

세상을 발칵 뒤집어 놓은 IT의 역사

11명의 IT 혁신가, 새로운 미래를 열다

박민규 지음

빈빈
책방

컴퓨터의 숨은 영웅들

2011년 10월 5일, IT 혁명가 스티브 잡스가 췌장암으로 세상을 떠나고 전 세계의 많은 사람들이 그의 죽음을 애도했습니다. 그리고 일주일 후인 2011년 10월 12일 데니스 리치도 유명을 달리했습니다. 그런데 잠깐! 데니스 리치가 누구죠? 데니스 리치는 켄 톰슨과 함께 현대 컴퓨터의 근간이 되는 '유닉스 운영체제(OS)'와 'C 언어'를 만들었습니다. 스마트폰을 사용하면 많이 접하는 '안드로이드'라는 OS도 유닉스에서 파생되었습니다. 데니스 리치가 아니었으면 스마트폰, 태블릿 PC, 무선 이어폰은 물론이고 심지어 애플이나 구글 같은 회사도 탄생할 수 없었을 것입니다. 하지만 컴퓨터과학계의 노벨상이라는 튜링상까지 받은 데니스 리치가 누구인지 그리고 무엇을 했는지 우리나라에는 거의 알려져 있지 않아요. 심지어 한국의 많은 IT 관련 종사자들도 잘 모르는 경우가 많지요.

스티브 잡스, 빌 게이츠, 마크 저커버그의 꽃같이 화려한 성공담을 다룬 책은 많이 출간됐지만 그 꽃들을 피울 수 있도록 한 줄기와 잎사귀,

뿌리가 된 이들의 이야기는 그다지 잘 알려져 있지 않습니다. 이 책은 바로 이러한 꽃을 피우게 한 컴퓨터의 '진짜' 영웅들을 뿌리부터 소개하고 있습니다.

약 200년 전 톱니바퀴를 이용해서 사람을 대신해 계산을 하는 기계식 컴퓨터를 구상한 찰스 배비지와 생각하는 기계를 제안한 앨런 튜링, 현대 컴퓨터의 구조를 확립한 존 폰 노이만, 현대 디지털 통신의 기반이 되는 정보 이론을 정립한 클로드 섀넌, 트랜지스터를 만든 윌리엄 쇼클리는 현대 컴퓨터 분야의 토대를 만들었습니다.

개인용 PC를 전 세계에 보급한 IBM의 필립 돈 에스트리지, 인터넷의 아버지 빈트 서프와 월드와이드웹을 설계하여 세상을 하나로 이어지게 한 팀 버너스 리는 사람들의 일상에 큰 변화를 가져왔습니다.

빌 게이츠와 스티브 잡스는 이렇게 발전한 컴퓨터 기술을 사람들이 더욱 편리하고 다양한 방법으로 누릴 수 있도록 해서 사업적으로도 큰 성공을 거두었지요.

이 책을 읽고 수많은 IT 성공담 뒤 숨은 영웅들의 존재를 알고 그들이 했던 노력에서 많은 영감을 얻을 수 있을 것입니다. 여러분도 클로드 새넌, 윌리엄 쇼클리, 데니스 리치와 같이 과학적이고 창의적으로 생각하며, 앞으로 인류의 삶을 지금보다도 더 윤택하고 가치 있는 방향으로 인도할 수 있기를 바랍니다. 이 책이 우리나라 미래의 IT 영웅들을 배출하는 데 좋은 길잡이가 되어줄 것이라 확신합니다.

김연배

동경대학교 공학박사

현 정보통신기획평가원 총괄 PM

'사람처럼 생각하는 기계'를
만들고 싶었던 사람들

　인간은 오래전부터 '사람처럼 생각하는 기계'를 만들고 싶어 했고, 조금씩 성공에 다가가고 있습니다. 이는 수많은 과학자, 엔지니어, 사업가들이 헌신한 결과입니다. 이 책은 그 도정에 중요한 업적을 남긴 11명의 뛰어난 IT 혁신가들의 이야기를 담고 있습니다.

　기발한 아이디어와 세상에 없던 발명품으로 수많은 사람들을 놀라게 했던 이들이 꿈을 달성하기 위해 풀어야 했던 문제는 무엇인지, 문제를 어떻게 해결했는지 시간의 흐름에 따라 살펴볼 수 있습니다. 서로 다른 사람들이 내어놓은 각각의 해답이 어떻게 연결되어 개인용 컴퓨터, 인터넷, 스마트폰이 탄생하였는지 알 수 있습니다.

　이 책에 등장하는 사람들을 통해, 컴퓨터에 대한 지식뿐 아니라 '사람처럼 생각하는 기계'에 대한 종합적인 그림을 그릴 수 있을 것이라고 기대합니다. 우리의 삶을 뒤바꾸어 놓은 IT 혁신이 어떻게 이루어졌는지 지금부터 함께 알아보겠습니다.

한눈에 보는 IT의 역사

지금까지의 컴퓨터는 너무 크고 무거워. 트랜지스터로 작게 만들어 보자.

윌리엄 쇼클리

컴퓨터, 이렇게 만드는 게 어때? 내 이름을 따서 폰 노이만 구조!

존 폰 노이만

1822 차분기관

1940년대 진공관 컴퓨터

1950~70 대형 컴퓨터와 인터넷의 시작

복잡한 계산을 기계가 대신 해 준다면 얼마나 좋을까?

찰스 배비지

사람의 뇌처럼 기능하는 만능기계를 만들고 싶어.

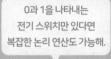

앨런 튜링

0과 1을 나타내는 전기 스위치만 있다면 복잡한 논리 연산도 가능해.

클로드 섀넌

C 언어로 컴퓨터에 편하고 쉽게 명령해 보자.

데니스 리치

각자 집에 개인용 컴퓨터,
PC 한 대씩 두고
사용하는 게 어때?

필립 돈 에스트리지

이 모바일 기기와 함께
일상을 바꿔봐!

스티브 잡스

1980년대 PC

1990년대 PC와 WWW

2000년대 스마트폰

TCP/IP라는 약속을 정해서
컴퓨터로 원활하게 통신하자.

빈트 서프

월드와이드웹으로
전 세계를 하나로 연결하자.

팀 버너스 리

소프트웨어 왕국에
어서오세요!

빌 게이츠

· 차례 ·

찰스 배비지

Charles Babbage (1791~1871)

사람 대신 복잡한 계산을 하는

기계를 만들다

사람의 중요한 특징 중 하나는 '도구'를 만들어 사용하는 것이다. 사람들은 먼 옛날부터 땅을 파는 삽, 나무를 자르는 톱, 흙을 일구는 호미, 사냥하기 위한 활과 화살 등 다양한 도구를 만들어 사용했다. 이런 도구들은 대부분 사람의 부족한 '힘'을 보충하거나 대신했다.

그런데 도구는 물리적인 힘만이 아니라 사람의 '머리'가 하는 역할을 대신하거나 도와주기도 했다. 그런 도구에는 무엇이 있을까? 머리를 사용해서 하는 일은 많지만, 우선 '계산'을 예로 들어 보자. 옛날에도 숫자 계산은 아주 중요한 일이었다. 세금을 거두기 위해서는 백성의 수가 몇 명인지 알아야 하고, 농작물이 나는 땅의

사람의 특성에 대한 정의
사람의 중요한 특징을 나타내기 위해 라틴어로 인간을 의미하는 단어 Homo 뒤에 여러 가지의 단어를 붙여 사용해요. 가장 널리 알려진 용어로는 '호모 사피엔스Homo Sapience'가 있습니다. 이는 생각하는 인간이라는 뜻이에요. 도구를 사용하는 특성을 강조하기 위해서는 '호모 파베르Homo Faber'라고 부릅니다. 인간은 즐겁게 노는 것을 좋아한답니다. 이 특성을 강조하는 이름은 '호모 루덴스Homo Ludens', 놀이의 인간이에요.

넓이도 계산해야 했다. 숫자를 더하거나 빼거나 곱하거나 나눠서 결과를 구하는 단순한 계산뿐만 아니라 더욱 복잡한 계산도 필요했다. 배를 타고 먼 나라까지 항해하기 위해서는 별들의 위치를 알아야 했고, 피라미드나 탑 같은 커다란 건축물을 쌓을 때는 필요한 돌과 나무의 양을 알아야 했다. 이때는 아주 복잡한 계산이 필요했다.

계산을 도와주는 도구들

계산을 도와주는 최초의 도구는 '주판'이다. 주판은 '수판', '산판'이라는 다른 이름도 가지고 있다. 주판을 이용한 계산을 '주산'이라고 한다. '주'판을 이용해서 계'산'을 한다는 의미다. 주판은 지금부터 약 4000여 년 전에 바빌론에서 발명되었다. 중국에서는 약 3000여 년 전에 만들어졌으니, 주판은 동서양 모두에서 널리 쓰였다. 하지만 정확히 이야기하자면 주판이 '계산'을 대신해주는 것은 아니다. 계산은 사람이 하고, 주판은 풀이 과정에서 필요한 숫자를 잊지 않고 잠시 기록해 두는 데 사용한다.

주판 외에도 여러 가지 종류의

▲ 고대 중국에서 사용된 주판

계산 장치들, 특히 더하기와 곱하기를 할 수 있는 계산 장치들이 만들어졌다. 하지만 사용이 불편하고 값이 비싸서 고급 장난감 정도로 취급되었다. 여전히 대부분의 사람들은 연필과 종이를 이용해서 직접 계산했다. 진정한 의미에서 사람 대신 복잡한 계산을 대신 하도록 고안된 기계는 찰스 배비지라는 영국 수학자의 손에서 탄생했다.

복잡한 계산은 계산표로

계산 기계가 만들어지기 전에는 어떻게 복잡한 계산을 했을까? 집을 짓는 건축가, 물건을 사고파는 상인, 기계를 만드는 엔지니어, 세금을 거두는 관리들은 복잡한 계산을 정확하게 해야 했다. 하지만 수학 실력이 뛰어난 사람에게도 복잡한 계산은 아주 힘들고 번거로운 일이었다. 물론 계산 과정에서 실수도 잦았다. 복잡한 계산을 빠르고 정확하게 하는 방법은 없을까? 바로 미리 계산을 해서 만들어 놓은 표를 이용하면 된다.

▲ 1619년 계산표 책

다음 표는 19단까지 곱셈 결과를 정리한 표이다. 비슷한 표를 본 적이 있는가? 그렇다. 19단 곱셈표는 초등학교에서 곱셈을 배우면서 외우는 구구단표와 같은 것이다. 이 일은 이, 이 이는 사, 이 삼은 육……. 우리는 빠르게 곱셈 계산을 할 수 있도록 구구단을 외운다. 그런데 인도에서는 19단까지 외운다고 한다. 19단까지 외우면 두 자릿수 곱셈도 빠르게 할 수 있다. 하지만 19단까지 외우기는 쉽지 않다. 이때는 미리 19단까지 결과를 계산해서 적어 놓은 표를 가지고 다니면서 필요할 때 찾아보면 된다.

	2	3	4	5	6	7	8	9	10	11	12	13	14	15	16	17	18	19
2									20	22	24	26	28	30	32	34	36	38
3									30	33	36	39	42	45	48	51	54	57
4									40	44	48	52	56	60	64	68	72	76
5									50	55	60	65	70	75	80	85	90	95
6									60	66	72	78	84	90	96	102	108	114
7									70	77	84	91	98	105	112	119	126	133
8									80	88	96	104	112	120	128	136	144	152
9									90	99	108	117	126	135	144	153	162	171
10	20	30	40	50	60	70	80	90	100	110	120	130	140	150	160	170	180	190
11	22	33	44	55	66	77	88	99	110	121	132	143	154	165	176	187	198	209
12	24	36	48	60	72	84	96	108	120	132	144	156	168	180	192	204	216	228
13	26	39	52	65	78	91	104	117	130	143	156	169	182	195	208	221	234	247
14	28	42	56	70	84	98	112	126	140	154	168	182	196	210	224	238	252	266
15	30	45	60	75	90	105	120	135	150	165	180	195	210	225	240	255	270	285
16	32	48	64	80	96	112	128	144	160	176	192	208	224	240	256	272	288	304
17	34	51	68	85	102	119	136	153	170	187	204	221	238	255	272	289	306	323
18	36	54	72	90	108	126	144	162	180	198	216	234	252	270	288	306	324	342
19	38	57	76	95	114	133	152	171	190	209	228	247	266	285	304	323	342	361

▲ 19단 곱셈표

18×19를 계산해 보자. 일의 자리 8×9는 72이니까 일의 자리에 2를 남기고 7을 십의 자리로 올린다. 그다음으로 십의 자리를 계산하면 1×9는 9이고 9와 7을 더하면 16이다. 십의 자리 1×8은 8이고, 백의 자리 1×1은 1이므로 162+180을 계산해서 답은 342이다.

19단 곱셈표를 사용하면 가로에서 18을 찾고 세로에서 19를 찾은 후 만나는 지점을 보면 된다. 답은 342이다. 이렇게 계산표를 사용하면 아주 빠르고 간단하게 답을 구할 수 있다.

배비지가 살던 시대에 복잡한 계산을 하던 사람들도 계산 결과를 정리해둔 표들을 책으로 묶어서 가지고 다니면서 필요할 때마다 사용했다. 그중에서도 항해를 위한 계산표는 매우 중요했다. 영국은 섬나라이기 때문에 배를 이용해서 세계 여러 나라와 교역을 했다. 항해 중에는 관찰한 별과 달의 위치를 바탕으로 배의 위치를 파악해야 했기 때문에 수치 계산표가 매우 중요했다. 자칫 잘못 계산하면 바다 위에서 길을 잃을 수도 있었다.

많은 사람의 계산으로 만들어진 계산표

그렇다면 이런 계산표는 어떻게 만들었을까? 계산을 전문으로 하는 여러 사람이 각각 자기가 맡은 부분을 계산하고, 그 결과를 모아서 하나

식자

미리 만들어 둔 작은 글자 도장들 중 인쇄에 필요한 글자를 고르는 과정을 '식자'라고 해요. 작은 도장 뭉치에서 알맞은 글자나 숫자를 골라 순서대로 배열한 후 여기에 잉크를 묻혀 종이에 찍어서 엮으면 책이 된답니다.

의 표로 만들었다. 위에 있는 19단표를 예로 들면, 철수는 10단에서 12단까지, 영희는 13단에서 15단까지 각자 연필과 종이로 계산을 한 후 모아서 하나로 만들었다. 이런 일을 하는 사람들을 컴퓨터computer라고 불렀다. 컴퓨터는 '계산하는 사람'이라는 의미다.

하지만 이렇게 만들어진 표에는 종종 잘못된 내용이 있었다. 우선 계산하는 사람이 계산 도중 실수로 잘못된 답을 내기도 했고, 계산 결과를 모아서 하나의 표로 만드는 과정에서 다른 숫자를 옮겨 적기도 했다. 표를 인쇄해서 책으로 만드는 과정에서 문제가 발생하기도 했다. 당시에는 미리 만들어 놓은 글자 도장을 순서대로 배열한 다음 잉크를 묻혀서 종이에 찍는 방식으로 책을 만들었다. 한 개의 글자나 숫자가 새겨진 조그만 도장을 수백 개, 수천 개씩 모아 큰 종이에 찍는다고 상상해 보라. 식자 과정에서 6과 9를 잘못 사용하거나 소수점의 위치를 혼동하는 실수가 발생하고는 했다.

수학자들이 인쇄된 원고를 검산하는 과정에서도 실수를 할 수 있었다. 수학 시험을 치를 때 아는 문제라고 자신 있게 풀었지만 쉬운 덧셈이나 곱셈 계산에서 실수를 하거나, 연습장에 푼 문제의 답을 잘못 옮겨 적어서 틀리는 것과 마찬가지다. 또 남은 시간에 검산까지 했지만 미처 실수를 발견하지 못할 수도 있다. 계산표를 만드는 과정에서도 똑같은 실수가 나타나고는 했다. 사람이 직접 손으로 계산하고, 옮겨 적고, 인쇄했기 때문에 어쩔 수 없이 나타나는 실수였다. 하지만 아무리 작은 실수라도 바다 위에서 배가 갈 길을 잃어버리거나, 다리나 건물을 지을 때 균형이 맞지 않아서 무너지는 큰 사고로 이어질 수도 있었다.

1821년, 배비지는 친구인 천문학자 존 허셜과 함께 천문학을 위한 수치 계산표를 검산하고 있었다. 그런데 계산표의 계산 결과 중에서 잘못된 내용이 많이 발견되었다. 검산하면 할수록 잘못된 결과가 자꾸 나타나자 배비지는 화가 나서 말했다.

"신이시여, 증기기관을 이용해서 수치 계산을 할 수 있었으면 좋겠습니다!"

배비지는 기계를 이용해서 자동으로 계산하고, 계산표를 만든다면 사람이 하는 실수를 없애고 항상 정확한 계산 결과를 얻을 수 있을 것이라고 생각했다. 배비지는 그때부터 어떻게 하면 증기기관과 같은 기계 장치를 이용해서 자동으로 수치 계산을 할 수 있을지 고민했다.

뛰어난 수학자, 찰스 배비지와 존 허설

찰스 배비지는 1791년 12월 26일 영국 런던에서 태어났다. 아버지는 부유한 상인이자 은행가였기 때문에 유복한 어린 시절을 보냈다. 하지만 배비지는 몸이 약해서 도시 런던을 떠나 시골에서 학교를 다녔다. 건강이 회복된 후에는 다시 런던으로 돌아와서 가정교사에게 여러 가지 훌륭한 교육을 받았다.

그리고 1810년 4월, 18살이 된 배비지는 케임브리지 대학교에 입학했다. 평생 동료 학자이자 친한 친구로 지낸 존 허설을 만난 곳이기도 하

존 허설 Sir John Herschel(1792~1871)

영국의 천문학자 이자 수학자예요. 아버지는 천왕성을 발견한 천문학자 윌리엄 허설이에요. 이튼 칼리지와 케임브리지 대학교 세인트 존스 칼리지에서 공부했고, 1813년 시니어 랭글러(최고상)로 졸업했어요. 1834년부터 4년간 남아프리카의 케이프타운에서 북반구에서는 관측할 수 없는 남쪽의 천체를 관측하고 1838년 귀국했어요.

다. 뛰어난 수학 실력을 갖춘 배비지는 큰 기대를 가지고 대학 수업을 들었지만, 선생님들의 고리타분한 수업 방식에 실망하기도 했다.

배비지는 주관이 강하고, 고집이 센 데다 반항적인 성격이었다. 이러한 성격 탓에 배비지는 뛰어난 수학 실력을 갖추었음에도 그만 수학 우등 졸업시험에서 떨어지고 말았다. 배비지가 자신

의 수장을 지나치게 고집한 것이 시험 감독관의 마음에 들지 않았기 때문이다. 결국 배비지는 우등으로 졸업하지 못했다. 배비지는 대학을 졸업한 후 따로 직업을 갖지 않고 과학계 사람들과 사귀면서 자신의 공부와 연구를 계속해 나갔다.

배비지와 존 허셜은 수치 계산표를 검산한 후 함께 알프스 여행을 떠났다. 두 사람은 여행을 하며 기계로 하는 새로운 계산 방식을 주제로 끊임없이 토론하고 아이디어를 키워 나갔다.

최초의 자동계산기를 만들다

"어떻게 하면 정확한 계산표를 만들 수 있을까?"

배비지는 계속 고민했다.

"사람이 하는 일을 기계가 하면 실수로 계산이 틀리거나, 잘못 인쇄하는 일이 없어질 거야."

결론을 내린 배비지는 자신의 상상을 현실로 옮길 기계를 설계하기 시작했다.

자동으로 계산하기 위해 배비지는 차분법이라는 방식을 택했다. 기계가 계산하도록 만들기 위해서는 곱셈이나 나눗셈보다는 덧셈을 이용하는 것이 편했기 때문이다. 차분법은 곱셈을 덧셈으로 바꿔서 복잡한 계산을 단순한 덧셈만으로 가능하게 하는 계산 방식이다. 차분법을 이용해서 로그와 삼각함수 같은 복잡한 계산도 가능하다. 또한, 계산 결과가 정확한지 검증하기에도 편리했다.

그렇다면 인쇄하는 과정에서 발생하는 실수들은 어떻게 방지할 수 있을까? 배비지는 무른 금속판이나 두꺼운 종이를 기계로 눌러서 계산 결과를 새기고 여기에 바로 잉크를 바른 다음 종이에 찍어내는 방법을 고안했다. 이렇게 하면 식자 과정에서 나오는 실수가 없어져서 계산 결과가 그대로 정확하게 인쇄될 수 있었다.

이처럼 기계가 자동으로 계산과 인쇄를 한다면 계산표를 만드는 과정에서의 문제를 해결할 수 있다. 계산표가 정확하다면 잘못된 수치로 발생하는 사고나 재산의 손실을 예방할 수 있었다. 계산표를 만드는 데에 들어가는 노력도 많이 줄일 수 있었다. 당시 복잡한 계산표 하나를 만들기 위해서는 계산하는 데만 80명에서 90명에 달하는 사람이 필요했다. 하지만 배비지는 자신이 고안한 자동계산기를 사용하면 단 12명만 있어도 오류 없는 정확한 계산표를 만들 수 있다고 자신했다.

영국 정부의 지원을 받아 기계 제작에 나서다

영국 정부는 배비지의 아이디어를 듣고 실제 기계를 만드는 작업에 돈을 지원하기 시작했다. 든든한 지원을 받게 된 배비지는 자신이 설계한 기계를 만들 수 있는 공장과 기계공을 찾아다녔다. 설계도에 따르면 배비지가 설계한 기계는 높이 약 2.4m, 길이 약 2.1m, 폭 1m에 무게는 약 15t에 달하는 커다란 것이었고, 무려 2만 5천 개의 톱니바퀴가 필요했다.

당시에는 기계를 만드는 기술이 정교하지 못했기 때문에 정확하게 같은 크기의 톱니바퀴를 만들 수 없었다. 원하는 크기의 톱니바퀴를 만들기 위해서는 하나의 톱니바퀴를 만든 다음 그것을 표본과 대조해서 사람이 일일이 손으로 깎아야 했다. 작업에는 오랜 시간이 걸릴뿐더러 작업을 하는 기계공의 손재주에 따라 결과가 달라지기도 했다. 이런 이유로 배비지의 기계는 결국 완성되지 못했다. 영국 정부는 배비지를 10년 이상 지원했지만, 기계가 완성되지 않자 더는 지원하지 않았다. 안타깝게도 배비지의 기계는 당시 기술 수준으로는 만들기 어려운 것이었다.

배비지가 고안한 자동계산기를 '차분기관'이라고 부른다. 기본 계산법으로 차분법을 사용했기 때문에 붙여진 이름이다. 차분기관이 현재 우리가 아는 컴퓨터로 발전한 것은 아니다. 다만 복잡한 계산을 자동으로 할 수 있을 뿐이었다. 하지만 배비지는 포기하지 않고 한 걸음 더 나가 '컴퓨터'라고 불릴 수 있는 기계를 설계해 냈다.

간단한 차분법 알아보기

직접 간단한 문제를 풀어보며 차분법에 대해서 알아볼까요? 수학 시간에 배우는 다항식을 풀어보아요. 다항식은 두 개 이상의 항을 +(더하기)나 −(빼기)로 결합한 식이에요. $Y = x^2 + 1$에서는 x값에 따라 Y값이 변해요. x^2은 x값을 두 번 곱하는 제곱이랍니다. 아래의 표를 볼까요? x가 1일 때 Y값(2)과 x가 2일 때 Y값(5)의 차이는 3입니다. x가 2일 때 Y값(5)과 x가 3일 때 Y값(10)의 차이는 5입니다.

값이 변할 때 Y의 차이 값이 얼마만큼 다른지 한 번 더 계산하면 값은 항상 2가 됩니다(Y의 차의 차). 이 원리를 이용해서 x가 5일 때 Y의 값을 구해봅시다.

X	Y	Y의 차	Y의 차의 차
1	2		
2	5	3	
3	10	5	2
4	17	7	2
5	?	?	?

'Y의 차의 차'는 항상 2이기 때문에 우선 제일 오른쪽 칸에 2를 넣을 수 있어요.

X	Y	Y의 차	Y의 차의 차
5	?	?	2

다음으로 'Y의 차'는 바로 윗줄, x가 4일 때 Y의 차 7에 2를 더해서 9가 되지요.

X	Y	Y의 차	Y의 차의 차
5	?	9	2

마지막으로 Y는 바로 윗줄, x가 4일 때 Y값 17에 9를 더해서 답은 26이 됩니다.

X	Y	Y의 차	Y의 차의 차
5	26	9	2

곱셈을 이용하지 않고 두 번의 덧셈으로 다항식을 풀었어요. 이렇게 복잡한 문제도 덧셈으로 차근차근 계산할 수 있답니다.

진짜 컴퓨터, '해석기관'을 설계하다

차분기관을 이용해서 처음 주어진 문제 말고 다른 문제를 풀려면 어떻게 해야 할까? 새로운 문제를 풀기 위해서는 사람들이 다시 기계를 조정해야 했다. 차분기관은 한번에 정해진 하나의 문제만을 풀 수 있었다. 하지만 정말 사람의 계산 능력을 대신하는 기계라면 상황에 따라 1번 문제를 풀다가 2번 문제를 풀고, 1번과 2번 문제 계산이 끝난 후에는 3번 문제를 자동으로 풀 수 있어야 한다. 이를 위해서는 기계에 "1번 문제를 풀고 2번 문제를 푼 후, 3번 문제를 풀어라"라는 지시를 해야 한다. 이런 지시를 '프로그래밍'이라고 한다.

▲ 배비지 기계에 사용된 펀치카드

배비지는 기계에 지시하기 위해 펀치카드를 이용하는 새로운 아이디어를 제시했다. 펀치카드는 특정 위치에 구멍이 뚫린 두꺼운 종이로, 천공 카드라고 부르기도 한다. 이 펀치카드를 작은 막대로 밀면 구멍이 뚫린 부분은 막대가 통과하고, 막힌 부분은 막대가 통과하지 못한다. 펀치카드에 미리 해야 할 일을 순서대로 정해 두고 이 펀치카드를 통과하거나 막히는 막대의 움직임에 따라 새로운 문제를 풀도록 지시하는 방식이다. 펀치카드는 당시 옷감을 짜는 데 사용되었는데, 동일한 방식을 자동 계산 기계에 지시를 하는 데 이용하자는 것이었다.

배비지는 네 가지 종류의 카드를 제안했다. 첫 번째는 어떤 일을 할지 지정해 주는 '동작 카드'다. 동작 카드는 기계가 덧셈을 할지 곱셈을 할지 등 해야 하는 동작을 정해준다. 두 번째는 '숫자 카드'다. 숫자 카드는 계산에 사용할 다양한 숫자를 기록한 것으로 창고에 보관한다. 이 카드에는 계산 결과가 기록되기도 한다. 세 번째는 '변수 카드'로 창고의 어디에서 숫자 카드를 불러올지 지정한다. 마지막으로 '조합 카드'는 해야 하는 일을 정해진 횟수만큼 반복하도록 하는 것이다.

이 카드들은 현재 우리가 사용하는 컴퓨터와 비슷한 방식으로 작동했다. 다만 지금은 펀치카드가 아닌 전자 신호를 이용한다. 동작 카드, 변수 카드, 조합 카드는 프로그래밍을 할 때 사용하는 방법이다. 숫자 카드는 창고에 보관된 기억장치다. 이 카드들을 종합하면 '지시된 일을 정해진 횟수만큼 반복하는데, 필요한 데이터는 기억 장치에서 불러오고 그 결과는 다시 기억장치의 특정 위치에 기록한다'는 의미이다. 사람들이 펀치카드로 기계에게 해결해야 하는 문제가 무엇인지 지시하면 기계는 자동으로 계산을 하고, 그 결과를 인쇄까지 해주었다. 이 기계는 '해석기관'이라고 불렸다.

배비지는 해석기관에 대한 아이디어를 영국 정부에 제안하고 지원을 요청했다. 하지만 차분기관을 만드는 데 지원했다가 실패한 경험이 있는 영국 정부는 더는 배비지를 지원하지 않았다. 배비지의 해석 기관은 불행하게도 현실화되지 못했고, 다양한 아이디어와 설계는 구상에서 그치고 말았다. 하지만 배비지는 포기하지 않고 70세가 넘을 때까지 해석기관을 만들기 위한 연구와 실험을 계속했다.

찰스 배비지와 그의 독특한 발명품들

찰스 배비지는 뛰어난 수학자이면서도 이 세상에 없던 새로운 것을 계속 생각해 내는 발명가로 평생 여러 종류의 기계를 만들어 냈다. 16살에는 물 위를 걸어 다닐 수 있는 신발을 발명했다. 신발 아래에 물이 닿는 순간 펼쳐지는 두꺼운 종이 날개를 달아 이것을 신고 물 위를 걸을 수 있는지 실험을 했다. 하지만 실험은 실패했고 물에 빠져 죽을 위기를 넘기기도 했다.

또 집집이 공중에 선을 연결해서 편지를 배달하는 시스템도 설계하고 실험했는데, 집과 집을 선으로 연결하고 작은 케이블카를 달아 30분마다 케이블카가 편지를 실어 정해진 위치로 움직이는 시스템이었다. 배비지는 이 아이디어를 도시 전체에 적용해서 우편물을 주고받기를 꿈꿨다. 이는 요즘 드론을 이용해서 물건을 배달하는 것과 흡사한 아이디어라고 볼 수 있다.

배비지는 암호해독에도 큰 공헌을 했다. 배비지는 무려 300년 동안 사용되었던 암호를 해독하는 방법을 알아냈고, 이후 영국이 러시아와 전쟁을 치를 때 러시아의 암호를 푸는 데 큰 공헌을 했다. 그 외에도 열차 연결 장치, 무대 조명 장치 등 수많은 새로운 기계를 만들었다.

배비지는 기계가 사람의 일상생활에 유용한 도움을 주어야 한다는 신념을 가지고 있었다. 그래서 자신의 발명품을 특허로 등록하는 것에 반대했다. 배비지는 천재적인 재능에 의한 산물은 모든 인류가 무료로 사용할 수 있어야 한다고 생각했다.

배비지는 다른 사람과 잘 어울리는 유쾌한 사람은 아니었다. 때로는 괴팍스럽고, 자신만의 생각을 내세우는 고집스러운 사람이었다. 당시 영국의 유명한 시인 '앨프리드 테니슨'이 쓴 시에 이런 구절이 있다.

매 순간 한 사람이 죽고 순간마다 한 사람이 태어난다.

배비지는 이 시를 읽고 이렇게 말했다.

"만일 한 명이 죽고 한 명이 태어난다면 세계 인구의 수는 증가하지 않을 것이다. 하지만 출생률이 사망률보다 높으므로, 다음번 시에서는 이렇게 고쳐야 한다."

매 순간 한 사람이 죽고 순간마다 1과 1/16명이 태어난다.

▲ 런던 과학박물관에 보관 중
인 찰스 배비지의 뇌

참으로 과학자다운 생각이다. 배비지는 뛰어난 발명과 혁신을 이뤄냈지만 안타깝게도 차분기관과 해석기관이 완성되어 작동하는 것을 보지 못하고 1871년 79세의 나이로 세상을 떠났다. 그러나 그의 아이디어는 수많은 스케치와 글로 남아 전해지고 있다. 또 과학 발전을 위해 본인의 의사로 기증된 배비지의 뇌는 런던의 헌터리안 박물관과 과학박물관에 절반씩 보관되고 있다.

부활한 차분기관

1991년 런던 과학박물관은 배비지 탄생 200주년을 맞이해서 배비지의 설계도를 바탕으로 차분기관을 만들었다. 설계도를 조금 수정해야 했지만, 차분기관은 처음 설계됐던 대로 잘 작동했다. 이 기계는 7개의 숫자를 31개 자릿수까지 저장할 수 있었다. 차분기관으로 1부터 100까지의 숫자를 7제곱 하는 계산을 한 다음($1^7, 2^7, 3^7, 4^7, \cdots\cdots, 100^7$) 그 결과를 컴퓨터로 계산한 것과 비교해 보았더니 완벽하게 일치했다. 만일 당시 기계를 만드는 기술이 좀 더 발전했었다면 우리는 더 일찍 컴퓨터

▲ 배비지 탄생 200주년 기념으로 만들어진 차분기관　　　▲ 찰스 배비지 기념 우표(1991)

를 사용하기 시작했을지도 모른다.

배비지의 연구는 그가 죽은 후 사람들에게서 잊혔기 때문에 근대 컴퓨터의 발전에 직접적인 영향을 주지는 못했다. 지금 우리가 사용하는 컴퓨터의 기본 아이디어는 1930년대에 다른 사람들이 배비지의 연구와는 별도로 생각해낸 것이다. 하지만 배비지의 연구 결과는 20세기에 재발견되었고, 업적을 인정받아 배비지 탄생 200주년에는 다양한 기념 행사가 열리고 기념 우표도 발매되었다.

배비지가 꿈꾸었던 자동 계산 기계는 지금도 사람들에게 새로운 영감을 주고 있다.

앨런 튜링

Alan Mathison Turing (1912~1954)

만능기계,
'컴퓨터'를 생각해 내다

컴퓨터는 정확히 무슨 일을 할까? 우리가 사용하는 도구나 기계는 용도가 분명하다. 망치로 못을 박을 수는 있지만 작은 구멍을 뚫지는 못한다. 구멍을 뚫는 데 사용하는 도구는 송곳이다. 자동차는 걸어서 가기 힘든 먼 길을 갈 때 사용한다. 자동차를 타고 바다를 건너거나 하늘을 날 수는 없다. 바다를 건너려면 배를 타야하고, 하늘을 날기 위해서는 비행기를 타야 한다. 이처럼 도구나 기계는 보통 하나의 목적을 위해 만들어진다. 하지만 컴퓨터로는 다양한 작업을 할 수 있다. 수학 계산은 물론이고 통신이나 영화 감상도 가능하다. 이런 기계를 '만능기계'라고 부른다.

배비지가 꿈꿨던 자동 계산 기계, 더 나아가 사람의 머리를 대신하는 만능기계 '컴퓨터'는 배비지가 세상을 떠난 후 65년이 지나서야 영국의 젊은 수학자 앨런 튜링을 통해 세상에 그 모습을 다시 드러냈다.

앨런 튜링은 1912년 6월 23일 영국 런던에서 태어났다. 아버지는 영국 정부의 관리였으며 당시 영국의 식민지였던 인도에서 일했다. 비록 부모님과는 떨어져 지냈지만, 튜링은 요리사와 하녀까지 있는 유복한 환경에서 성장했다. 튜링은 어렸을 때부터 과학과 그림에 관심이 많았고 특히 사물을 관찰하고 숨어있는 원리를 찾아내는 것을 좋아했다.

9살이 된 튜링은 헤이즐허스트라는 사립 기숙 초등학교에 입학했다. 당시 기숙학교는 상급생들이 하급생들을 많이 괴롭히기로 유명했고, 어린 튜링에게는 집을 떠나 학교 기숙사에서 생활하는 것이 즐겁지 않은 일이었다. 하지만 튜링에게 이런 환경이 큰 문제가 되지는 않았다. 그는 발명가의 자질을 발휘해서 직접 만년필을 만들고, 자신이 만든 펜으로 부모님께 편지를 쓰기도 했다. 그리고 자신이 고안한 특이한 타자기, 축전기 등의 도면을 그려서 편지로 보내기도 했다. 초등학교를 마친 후 튜링은 셔본 학교에 진학했다.

튜링은 셔본 학교에서 본격적으로 수학 공부에 빠져들었다. 그는 선생님이 가르쳐 주는 방법이 아닌 자신만의 독특한 방법으로 어려운 수학 문제를 푸는 것을 좋아했다. 그러나 수학만 열심히 하고 다른 과목들을 소홀히 한 탓에 튜링의 시험 성적은 그다지 좋지 않았다. 게다가 튜링은 어려운 수학 문제는 잘 풀었지만 쉬운 계산을 자주 틀렸다. 글씨도 너무나 엉망으로 써서 낙제를 면하고 무사히 졸업한 것이 다행일 정도였다. 셔본 학교를 졸업한 튜링은 1931년 케임브리지 대학교 킹스 칼리지에 입학했다.

만능기계에 관한 아이디어를 생각해 내다

　튜링의 수학 실력은 케임브리지 대학교의 수학과 신입생들보다 뛰어났다. 대학에 입학했을 무렵에는 인도에 계시던 부모님이 영국으로 돌아오셨기 때문에 튜링은 마음의 안정 또한 얻을 수 있었다. 덕분에 대학에서 좋아하는 수학을 열심히 공부할 수 있었던 튜링은 1934년 최우수상을 받고 대학을 졸업했다. 그리고 곧바로 킹스 칼리지의 선임연구원이 되어 수학의 기초에 관한 어려운 문제들을 연구하기 시작했다.

　1936년 튜링은 「계산 가능한 수에 관하여, 수리 명제 자동생성 문제에 응용」이라는 제목의 논문을 〈런던 수학회 논문지〉에 발표했다. 이 논문에는 어떤 문제든 다 풀 수 있는 '만능기계'에 대한 아이디어가 담겨

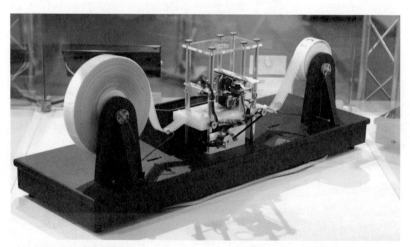

▲ 2010년 실현한 튜링머신

있었는데, 바로 우리가 지금 사용하는 컴퓨터의 작동 원리다.

튜링이 생각해 낸 이 기계를 사람들은 '튜링머신'이라고 부른다. 그런데 튜링이 만능기계를 만들기 위해 논문을 쓴 것은 아니었다. 논문은 힐베르트라는 유명한 수학자의 주장이 틀렸다는 것을 증명하기 위한 것이었다. 튜링은 '만능기계'라는 가상의 기계를 머릿속에 떠올리고, 만능기계가 작동하는 방식을 근거로 힐베르트의 주장이 틀렸음을 증명했다. 그 당시에는 이 '만능기계'가 오늘날 컴퓨터와 같은 기계가 되리라고는 아무도 생각하지 못했다.

튜링은 1935년 맥스 뉴먼 교수의 강의를 듣다가 만능기계에 대한 생각을 떠올렸다. 튜링은 '만일 정해진 규칙을 따라 풀이해 가면 누구나 답을 찾을 수 있는 것이 수학이라면 기계도 수학을 할 수 있다'라는 영감을 얻었다.

튜링은 장거리 달리기를 무척 좋아해서 틈만 나면 주변 거리를 달렸다. 튜링의 달리기 기록은 마라톤 선수 수준이었다. 튜링은 달리면서 스

케임브리지 대학교와 칼리지

케임브리지 대학교는 세계적으로 유명한 영국의 대학교예요. 1209년에 설립되었으니 800년 이상의 역사를 자랑해요. 케임브리지 대학교와 옥스퍼드 대학교 같은 영국의 유명한 대학교에는 '칼리지'라고 부르는 독특한 제도가 있어요. 같은 칼리지에 속하는 학생들은 자신들만의 기숙사, 식당, 도서관 등을 이용해요. 신입생도 칼리지별로 뽑고, 등록금과 장학금도 칼리지별로 수여해요. 그래서 보통 같은 칼리지에 소속된 학생들이 친해지게 되고, 다른 칼리지와는 여러 경쟁을 해요. 수업은 다른 칼리지에 속한 학생들과 함께 듣는답니다.

혹시 『해리 포터』 소설을 읽어봤나요? 해리 포터가 입학한 마법 학교 호그와트에는 네 개의 기숙사가 있지요. 그리핀도르, 슬리데린, 후플푸프, 래번클로 네 기숙사를 칼리지라고 생각하면 돼요. 각각의 기숙사 학생들은 수업 시간을 제외하고는 주로 같은 기숙사 학생들과 함께 생활하지요. 기숙사 대항 퀴디치 시합은 엄청나게 경쟁이 치열하고요. 해리 포터의 작가 조앤 K. 롤링이 영국 사람이니까, 영국의 대학교를 소설의 배경으로 삼았다는 것을 알 수 있어요.

찰스 배비지는 케임브리지 대학교 트리니티 칼리지에 다녔어요. 앨런 튜링은 킹스 칼리지에 다녔고요. 튜링이 논문을 쓰는 데 큰 도움을 주었던 선생님인 맥스 뉴먼은 세인트존스 칼리지 소속이었답니다.

▲ 케임브리지 대학교의 트리니티 칼리지

트레스를 풀었고, 좋은 아이디어도 생각해 냈다. 그리고 어느 날 장거리 달리기를 하고 풀밭에 누워서 쉬던 튜링에게 갑자기 논문의 핵심 아이디어가 떠올랐다. 튜링은 자신의 생각을 글로 잘 정리해서 뉴먼 교수에게 보여주었고, 뉴먼 교수는 이 논문이 출판되는 것을 도와주었다.

그럼 이제부터 튜링이 생각해 낸 '만능기계'가 무엇인지 살펴보자.

튜링머신은 무엇이고 어떻게 동작하는가?

튜링머신은 어떤 부품들로 만들어졌고, 어떻게 동작하는 것일까?

여기 길이가 긴 종이테이프가 있다. 이 테이프는 아주 길어서 끝이 없
다. 그리고 이 테이프에는 칸이 나누어져 있다. 그중에는 숫자나 기호가
쓰여 있는 칸도 있고, 아무런 내용도 없는 빈칸도 있다. 칸마다 내가 원
하는 것을 마음대로 쓸 수 있고, 이미 쓰여 있는 것을 지우거나 다른 것
으로 바꿔 쓸 수도 있다. 다만 조건이 있다. 하나의 칸에는 하나의 숫자
나 기호만 써야 한다.

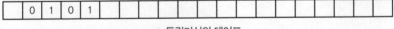

▲ 튜링머신의 테이프

작은 크기의 장치가 이 테이프 위에서 움직인다. 이 장치는 왼쪽이나
오른쪽으로 한 번에 한 칸씩 움직일 수 있다. 이 장치의 이름은 '헤드'다.
헤드는 칸에 쓰여 있는 내용을 읽을 수 있고, 빈칸에 글씨를 쓸 수도 있
으며, 이미 채워져 있는 칸에도 원래 있던 것을 지우고 다른 것을 써넣

을 수 있다. 즉, 헤드는 움직이는 스캐너이자 지우개이며 연필이라고 할
수 있다.

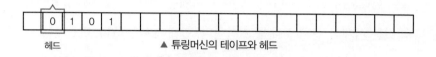

헤드 ▲ 튜링머신의 테이프와 헤드

그리고 현재 상태를 기록하는 '상태기록기'라는 장치가 있다. 기계가
처음 시작하는 단계인지, 중간 계산 단계인지 또는 작업을 마친 상태인
지 등을 기록한다.

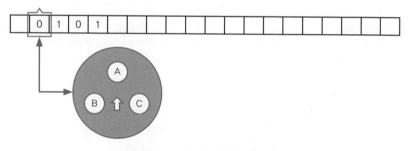

▲ 튜링머신의 테이프와 헤드, 상태기록기

위의 그림에서 헤드는 테이프의 0이 쓰인 칸에 가 있고, 상태기록기
는 'A'를 나타내고 있다. 하지만 아직 이 기계가 무엇을 하는지는 알 수
없다.

다음으로 이 기계에 해야 하는 일을 알려주는 장치가 필요하다. 사람

이 미리 정한 규칙을 기계에 입력해서 지시하면 기계가 규칙대로 작동한다. 이렇게 정해진 규칙을 알려주는 표를 '규칙표'라고 부른다. 규칙표는 아래와 같이 만든다. 첫 번째 항목에는 상태 기록기에서 확인할 수 있는 기계의 현재 상태를 기록한다. 현재 상태는 A다. 다음에는 헤드가 하는 일을 적는다. '읽기'는 칸에 쓰인 내용을 읽는 것이고 '쓰기'는 현재 칸에 정해진 내용을 기록하는 것이다. 지금 헤드가 가리키는 칸에서 0을 읽고 쓰기에는 아무 내용이 없으니 무시한다. '이동하기'에는 헤드가 어디로 움직이는지 방향이 제시되어 있다. '다음 상태'에는 규칙표에 따라 모든 일을 수행한 다음 변화하는 상태를 기록한다.

현재 상태	읽기	쓰기	이동하기	다음 상태
A	0		오른쪽으로 한 칸	B

▲ 튜링머신의 규칙표

튜링머신은 규칙표를 따라 정해진 일을 한다. 위의 규칙표를 입력한 튜링머신은 어떤 일을 할까? 현재 상태 A에서 0을 읽은 후 오른쪽으로 한 칸 움직이고, 상태기록기를 B로 바꾼다.

그렇다면 이번에는 0이 있는 칸에 1을 쓰도록 튜링머신에게 지시해보자. 비어 있던 쓰기에 1을 넣으면 된다. 즉, 규칙표를 아래와 같이 바꾼다.

현재 상태	읽기	쓰기	이동하기	다음 상태
A	0	1	오른쪽으로 한 칸	B

▲ 테이프에 0 대신 1을 쓰도록 하는 규칙표

　수정한 규칙표는 튜링머신에게 '상태 A에서 0을 읽으면 그 칸에 0 대신 1을 쓰고 오른쪽으로 한 칸 움직여라. 상태는 B로 바꿔라'라는 지시를 한다. 수정하기 전과 다른 점이라고는 쓰기에 1을 넣은 것뿐이다. 이 지시를 따르면 무슨 일이 일어날까? 숫자 0 대신 1을 쓰게 된다.

　그림과 함께 보자. 즉, 처음에는 ①과 같은 상태였다.

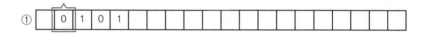

　규칙표에 따라 작동하면 ②와 같이 된다. 테이프의 두 번째 칸 0이 1로 바뀌고 헤드가 한 칸 움직였다. 그리고 상태기록기는 B로 바뀌었다.

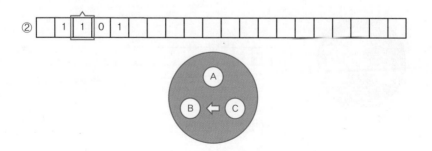

규칙표를 조금 더 수정해보자. 아래 규칙표를 보면 한 줄을 더 추가했다. '1을 읽으면 1 대신 0을 쓰고 한 칸 오른쪽으로 가라'는 지시를 추가해보았다.

현재 상태	읽기	쓰기	이동하기	다음 상태
A	0	1	오른쪽으로 한 칸	B
B	1	0	오른쪽으로 한 칸	A

이 규칙표를 따르면 어떻게 될까?

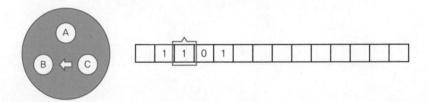

위의 그림과 같은 상태에서 헤드는 1 대신 0을 쓰고 다시 한 칸 오른쪽으로 이동한다. 상태는 A로 다시 바뀐다.

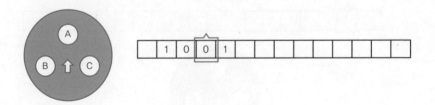

위의 그림에서 헤드는 테이프의 세 번째 칸에 있고, 상태는 A다. 그럼 어떤 일이 일어날까? 규칙표의 첫 번째 지시인 '상태가 A이고 0이 있으면 대신 1을 쓰고 한 칸 오른쪽으로 옮겨라. 상태를 B로 바꿔라' 지시를 수행한다.

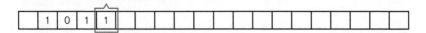

두 번째 지시를 수행한 결과는 위의 그림과 같다. 헤드는 1이 입력되어 있는 네 번째 칸으로 이동했다. 1을 읽은 헤드는 규칙표의 두 번째 지시를 또 수행한다. 1 대신 0을 쓰고 헤드가 오른쪽으로 한 칸 이동한 결과는 아래와 같다.

규칙표의 지시를 따른 최종 결과는 처음 테이프에 있던 숫자 0101을 1010으로 바꾼 것이다. '0이면 대신 1을 쓰고, 1이면 대신 0을 써라'는 지시를 튜링머신이 수행한 결과다.

단순한 구성과 간단한 작동만으로 튜링머신은 모든 일을 할 수 있다. 규칙표를 바꿔주면 하나의 기계가 덧셈할 수도 있고, 글자를 쓸 수도 있고, 여러 가지 일을 순서대로 할 수도 있다.

연습을 하나 더 해 보자. 튜링이 논문에서 직접 소개한 예시 중 가장 쉬운 것이다. 0 1 0 1 0 1 0 1 …… 로 이어지는 숫자를 쓰는 것이다. 한 가지 주의할 점은 각 숫자를 구별하기 위해 숫자 사이에 빈칸이 하나 들어가는 것이다. 만일 빈칸이 없으면 010101이 '0'과 '1'이 계속 이어지는 것인지, '010101'이라는 하나의 숫자인지를 구별할 수가 없기 때문이다.

튜링머신을 만드는 데 필요한 것은 앞서 본 것처럼 테이프, 헤드, 상태기록기, 규칙표이다. 우선 이 문제를 풀기 위한 테이프는 모두 빈칸이면 된다. 헤드는 어느 위치에 있어도 괜찮다.

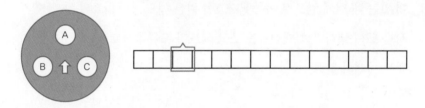

다음으로 규칙표를 만들어 보자.

	현재 상태	읽기	쓰기	이동하기	다음 상태
1번 규칙	A	빈칸	0	오른쪽으로 한 칸	B
2번 규칙	B	빈칸		오른쪽으로 한 칸	C
3번 규칙	C	빈칸	1	오른쪽으로 한 칸	D
4번 규칙	D	빈칸		오른쪽으로 한 칸	A

▲ 숫자 0, 1 쓰기 규칙표

1번 규칙에 따라 A 상태에서 빈칸을 만나면 0을 쓰고 상태를 B로 바꾼다. B 상태에서 빈칸을 만나면 그냥 오른쪽으로 한 칸 움직인 다음, 상태를 C로 바꾼다(2번 규칙). C 상태에서 빈칸을 만나면 1을 쓴 다음 오른쪽으로 한 칸 움직이고, 상태를 D로 바꾼다(3번 규칙). D 상태에서 빈칸을 만나면 그냥 오른쪽으로 움직이고 상태를 다시 A로 바꾼다(4번 규칙). 어렵지 않다. 1번 규칙과 3번 규칙은 각각 0과 1을 쓰고, 2번 규칙과 4번 규칙은 빈칸을 남겨 숫자를 구별하도록 한다. 이 규칙표를 실행하고 나면 테이프는 아래와 같이 바뀐다. 0과 1을 반복해서 쓰는 것이다.

	0	1	0	1	0	1	0	1	0	

이렇게 작동하는 튜링머신, 즉 만능기계가 오늘날 우리가 사용하는 컴퓨터의 기본 아이디어다. 해야 하는 일을 정리된 규칙으로 만들어서 지시하면 기계는 무슨 일이든 척척 해낸다. 이 아이디어를 처음으로 세상에 선보인 튜링은 이후 만능기계, 즉 컴퓨터를 직접 만들고 사용하기 시작했다.

미국 유학과 제2차 세계 대전 — 독일군의 암호를 풀다

1936년 튜링은 프린스턴 대학교의 초청으로 미국 유학을 떠났다. 당시 프린스턴 대학교에는 세계적으로 유명한 학자들이 많이 모여 있었다. 상대성이론을 정리한 것으로 유명한 알베르트 아인슈타인도 당시 프린스턴 대학교에서 연구하고 있었다. 튜링은 이곳에서 훌륭한 수학자, 과학자들과 교류하면서 자신의 논문을 다른 학자들에게 소개하기도 하고, 다른 학자들의 연구를 통해 새로운 것을 배우기도 했다. 1938년 튜링은 박사 학위를 받은 후 3년간의 미국 생활을 뒤로하고 영국으로 돌아왔다.

영국에 돌아온 튜링은 모교인 킹스 칼리지에서 수학을 가르쳤다. 또 동시에 영국 외무성에서 암호를 해독하는 일을 시작했다. 튜링이 암호 해독 일을 시작했을 당시는 제2차 세계 대전이 발발하기 직전이었다.

1939년 9월 히틀러의 나치 독일이 제2차 세계 대전을 일으켰다. 1945년까지 만 6년 동안 전 세계가 전쟁의 참화 속에 빠져들었다. 영국은 유럽 대륙과 떨어진 섬이어서 전쟁터가 되진 않았지만, 전쟁에 필요한 여러 물자를 구해서 배로 실어 날랐다. 독일과 맞서 싸우기 위한 군인, 무기, 식량을 외부로 보낼 때도 배를 이용했다. 그러자 히틀러는 영국을 꼼짝 못하게 가둬 두기 위해 바다를

▲ 독일군이 사용한 에니그마 암호기계

봉쇄했다. 독일은 잠수함을 이용해서 영국을 오가는 배들을 공격해서 침몰시켰다. 잠수함의 이름은 'U보트'였다. U보트가 바닷속에서 작전을 수행할 때 U보트와 독일 해군, U보트와 U보트 사이에 무선으로 메시지가 전달되

▲ 튜링 봄베

었다. 영국의 배들이 독일 잠수함의 공격을 피하기 위해서는 이 메시지의 내용을 아는 것이 매우 중요했다. 영국에서는 메시지를 몰래 듣고 중요한 정보를 빼내야만 했다. 하지만 독일군들은 메시지를 보낼 때 받는 사람만이 내용을 알 수 있는 암호로 메시지를 만들어 보냈다. 암호를 만들 때 사용하는 기계는 '에니그마'라고 했다. 고대 그리스어로 '수수께끼'를 뜻하는 '아이니그마'에서 이름을 따온 이 기계는 일반적으로 자판을 치는 것과 동일하게 글을 입력하면 자동으로 암호로 바꿔주었다.

영국의 암호해독가, 대학교수, 군인 등 여러 전문가는 런던 외곽의 브레츨리 저택에 모여 암호를 해독했다. 튜링도 자신의 능력을 발휘해서 암호를 해독하는 데에 큰 공헌을 했다. 튜링은 기존에 사용하던 암호해독기를 개선하여 '튜링 봄베'라는 새로운 암호해독기를 만들었다. 튜

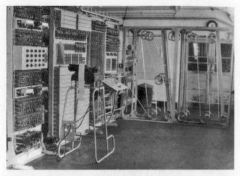
▲ 독일군 암호해독에 사용한 콜로서스 컴퓨터

링 봄베는 독일군의 수많은 암호를 해독했고, 연합군이 전쟁에서 승리하는 데 크게 이바지했다. 튜링 봄베는 1943년 12월에 개발된 '콜로서스'의 기초가 되었다. '거인'이라는 뜻의 콜로서스는 암호를 전문적으로 푸는 일종의 컴퓨터다. 영국은 콜로서스를 이용해서 제2차 세계 대전이 끝날 때까지 적군의 수많은 군사 정보를 입수할 수 있었다. 하지만 콜로서스는 군사 기밀이었기 때문에 1970년대 중반이 되어서야 그 존재가 세상에 알려졌다.

전쟁이 끝나고

제2차 세계 대전이 끝난 후 튜링은 본격적으로 컴퓨터를 설계하기 시작했다. 이 컴퓨터는 '자동 컴퓨팅 엔진(Automatic Computer Engine)ACE'이라고 불렸다. 튜링은 1945년에 ACE의 설계도를 거의 완성했다. 1950년에는 ACE의 첫 시험 모형이 완성되어 작동 테스트를 할 수 있었다.

튜링이 1936년에 처음으로 제시했던 '만능기계'는 ACE를 비롯한 모든 컴퓨터의 기본이 되었다. 만능기계는 최초의 컴퓨터인 콜로서스를 거쳐 현대식 컴퓨터로 발전했고, 마침내 오늘날 우리가 사용하는 개인용 PC와 스마트폰이 탄생하게 된 것이다.

튜링은 ACE 컴퓨터의 모형을 만든 이후에도 연구를 계속했다. 그리고 기계가 새로운 규칙을 학습하고, 사람의 지능을 흉내내는 인공지능도 생각해 냈다.

불운한 천재

튜링은 다른 사람과 잘 어울리지 못하는 성격이었다. 자신만의 원칙에 엄격해서 보통 사람들이 이해하기 어려운 이상한 행동도 많이 했다. 봄철에는 꽃가루를 조심해야 한다며 방독면을 쓰고 자전거로 연구소를 오고 가기도 했고, 다른 사람들이 자기 컵을 사용하는 것이 싫어서 쇠사슬로 컵을 가구에 묶어놓기도 했다.

튜링의 삶은 그다지 행복하지 못했다. 자유분방하고 스스로만의 원칙을 만들어 지키고자 했던 튜링의 성격은 당시의 엄격한 사회 분위기와 잘 맞지 않았다. 그런데다 영국의 중요한 비밀 정보를 많이 알고 있던 튜링은 영국 정보부의 감시를 받는 처지였다. 게다가 튜링은 성 소수자였다. 당시 사회는 다양한 성 정체성을 인정하지 않고 심지어 불법이라고 정해 두었기 때문에 튜링은 범죄자로 처벌을 받기도 했다.

이런 고통을 겪던 튜링은 1954년 6월 8일 독극물에 중독되어 세상을 떠났다. 42세 생일을 맞이하기 15일 전이었다. 튜링이 어떻게 죽었는지는 아직도 분명하게 밝혀지지 않았다. 어떤 사람들은 자살했다고 하고, 어떤 사람들은 실험 중 유독물질을 잘못 흡입해서 사고로 죽었다고 한다. 또 어떤 사람은 튜링이 살해당했다는 주장을 하기도 한다.

영원한 업적

튜링이 세상을 떠난 후에도 튜링의 업적은 오랫동안 사람들에게 알려지지 않았다. 튜링이 처음으로 제시했던 아이디어들이 다른 사람의 공적으로 돌려지기도 했다. 영국이 비밀로 하던 전쟁 중의 암호해독 프로젝트가 공개되고, 1983년 튜링의 전기 『앨런 튜링의 이미테이션 게임』이 출간된 다음에야 튜링은 비로소 사람들에게 정당한 평가를 받기 시작했다.

오늘날 튜링은 '현대 전산학의 아버지'라 불린다. 컴퓨터학회에서는 튜링의 업적을 기리기 위해 튜링상을 만들어 1966년부터 매년 컴퓨터 과학 분야에 뛰어난 업적을 남긴 사람에게 수여하고 있다. 이 상은 컴퓨터 과학 분야의 노벨상이라고도 불린다. 세계에서 가장 오래된 일간 신

문인 영국의 〈타임스〉
는 1999년 튜링을 20
세기의 가장 뛰어난
과학자 20명 중 한 명
으로 선정했다.

▲ 앨런 튜링이 모델인 새로운 50파운드 지폐 도안 발표

튜링을 성 소수자라
는 이유로 처벌했던
영국 정부 또한 2013년, 엘리자베스 2세 여왕의 특별 사면을 통해 공식
적으로 그의 명예를 다시 회복해 주었다. 2019년 튜링은 영국 50파운드
지폐의 새로운 모델로 선정되기도 했다. 영국의 과학 역사에 큰 업적을
남긴 1000명의 과학자들 중에서 선정된 것이다. 새 지폐에는 1951년 촬
영된 튜링의 사진과 함께 튜링이 고안한 자동 계산 장치, 에니그마 해독
장치의 드로잉, 튜링의 논문에 등장하는 수학공식 등이 인쇄되어 2021
년부터 시중에 유통된다.

튜링 이후 모든 컴퓨터는 튜링의 아이디어를 기반으로 만들어졌다.
'튜링머신'은 컴퓨터를 의미하는 단어가 되었다. 지금 우리가 살아가고
있는 세상에 튜링머신을 벗어나는 컴퓨터는 없다. 그리고 이는 앞으로
도 오랫동안 바뀌지 않을 것 같다.

클로드 섀넌

Claude Elwood Shannon (1916~2001)

0과 1의 전기 스위치만으로

복잡한 일을 해내다

튜링의 만능기계, 컴퓨터는 사람의 머리를 대신해서 무슨 일이든 하는 기계라고 말할 수 있다. 그렇지만 사람의 머리는 숫자를 계산하는 것 이상으로 훨씬 복잡한 일을 한다. 기계가 정말로 사람의 머리만큼 복잡한 일을 대신할 수 있도록 만드는 방법은 무엇일까?

이 문제에 대한 해답을 제공해 준 사람이 바로 클로드 섀넌이다. 클로드 섀넌은 1916년 미국 미시간주에서 태어났다. 클로드 섀넌의 아버지는 장사를 했고, 어머니는 고등학교 선생님이었다. 섀넌은 어릴 때부터 기계장치 만드는 것을 좋아해서 직접 만든 무선전신기를 친구의 집에 설치하며 놀았다. 섀넌은 이런 놀이를 통해서 전기와 스위치의 원리를 자연스럽게 익힐 수 있었다.

1932년 미시간 대학교에 입학한 섀넌은 본격적으로 수학과 선기공학을 공부했다. 졸업한 다음에는 MIT에서 전기공학을 전공했다. 이곳에서 전기 스위치를 연결해서 논리 문제를 해결하는 아이디어를 생각해 냈다. 그는 자신의 아이디어를 발전시켜 1937년 「릴레이와 스위치 회로를 기호로 분석하기」라는 논문을 발표했다.

앨런 튜링이 컴퓨터에 대한 아이디어를 처음 제시한 것은 1936년으로 섀넌보다 빨랐다. 하지만 섀넌이 튜링의 글을 보고 컴퓨터를 어떻게 만들지 고민한 것은 아니다. 튜링은 영국에서, 섀넌은 미국에서 서로 다른 문제를 풀기 위해 연구를 했다. 두 사람 각자의 고민과 연구 결과가 모인 다음에야 비로소 컴퓨터를 만들기 위한 기초가 마련되었다. 두 사람이 직접 만난 적도 있지만, 시간이 좀 더 흐른 뒤의 이야기다.

그럼 이제부터 섀넌이 한 일을 한번 살펴보자. 우선 '논리 연산'이 무엇인지 알아야 한다.

논리학과 논리 연산

사람이 어떻게 생각하는지, 무엇이 올바른 생각인지에 대한 연구는 고대 그리스부터 시작되었다. 이것이 바로 논리학이다. 간단한 예를 들어보자.

1. 사람은 죽는다.
2. 소크라테스는 사람이다.
3. 따라서 소크라테스는 죽는다.

1번과 2번의 내용으로 3번과 같은 결론을 내는 방법을 '연역 추론' 혹은 '연역법'이라고 한다. 이렇게 추론에 사용되는 '사람은 죽는다'와 같은 문장을 '명제'라고 한다. 명제는 뜻이 분명하고, 진실인지 거짓인지를 바로 알 수 있으며 주어 다음에 동사가 오는 짧은 문장으로 표현된다.

1번 문장은 '사람은 죽는다'라는 '참'인 명제이다. 뜻도 분명하고 누구나 진실(참)인지 거짓인지를 바로 알 수 있다. 2번 문장 '소크라테스는 사람이다'도 마찬가지로 '참'인 명제다. 두 개의 '참'인 명제로부터 나온 3번 '소크라테스는 죽는다'라는 문장 또한 '참'인 명제다. 우리의 '생각'은 이렇게 작은 생각인 명제들이 복잡하게 얽혀서 만들어진다.

1854년 영국의 수학자 조지 불은 이 명제들이 연결되는 법칙을 발표했다. 그는 『논리와 확률의 수학적 기초를 이루는 생각의 법칙들에 관한 탐구』라는 책에서 사람은 간단한 생각들을 연결해서 점점 복잡한 생각을 할 수 있다고 주장했다. 이 책에서 조지 불은 생각을 연결하는 세 가지 법칙을 다루고 있다. 그는 아무리 복잡한 생각이라도 다음 세 가지 규칙으로 명제들을 연결하면 된다고 이야기했다.

조지 불 George Boole(1818~1864)

영국의 수학자이며 논리학자예요. 어렸을 때부터 수학과 과학에 관심이 많았다고 해요. 논리와 추론을 수학적으로 증명하려고 연구해서 『논리와 확률의 수학적 기초를 이루는 생각의 법칙들에 관한 탐구』라는 유명한 책을 남겼답니다.

① 그리고 (AND)

② 또는 (OR)

③ 아닌 (NOT)

그리고 연결에 관한 공식들을 만들었다. 이렇게 명제와 명제를 규칙에 따라 연결해서 '참'인지 '거짓'인지 알아보는 것을 '논리 연산'이라고 하고, 이 규칙과 연산 결과를 모두 모아 표로 정리한 것을 '진리표'라고 한다.

진리표 그리고(AND)

	참(1)	거짓(0)
참(1)	참(1)	거짓(0)
거짓(0)	거짓(0)	거짓(0)

'참 AND 참'만 참이고, 나머지는 거짓이에요.

진리표 또는(OR)

	참(1)	거짓(0)
참(1)	참(1)	참(1)
거짓(0)	참(1)	거짓(0)

'거짓 OR 거짓'만 거짓이고, 나머지는 참이에요.

위의 두 진리표에서 가로 붉은 칸과 세로 초록 칸을 연결해서 만나는 칸을 찾아보세요. 그 위치의 흰색 칸에 있는 것이 두 명제를 연결한 결과예요.

진리표 아닌(NOT)

참(1)	거짓(0)
거짓(0)	참(1)

왼쪽 초록 칸에 대한 NOT의 결과가 오른쪽 붉은 칸에 있어요.

명제는 항상 참 아니면 거짓이다. 참을 1, 거짓을 0이라고 표시해 보자.

'참' 그리고 '참' 이면 '참' (1 AND 1 =1)

'참' 그리고 '거짓' 은 '거짓' (1 AND 0 = 0)

'참' 또는 '참' 이면 '참' (1 OR 1 = 1)

'참' 또는 '거짓' 도 '참' (1 OR 0 = 1)

'참' 아니면 '거짓', '거짓' 아니면 '참' (1 NOT 0, 0 NOT 1)

이 규칙을 이용해서 복잡한 추론도 할 수 있다. 숫자를 더하거나 빼거나 곱하거나 나누는 것을 '사칙 연산'이라고 하는 것처럼, 이 규칙으로 논리가 참인지 거짓인지 계산하는 것을 '논리 연산'이라고 한다. 이 규칙을 바탕으로 논리 주판과 논리 계산기도 만들어졌다. 바로 이 논리 연산이 기계가 자동으로 '생각'하도록 만드는 출발점이다.

그렇다면 기계가 논리 연산을 하게 만드는 방법은 무엇일까? 진리표에 사용한 부호를 살펴보자. 명제는 '참' 아니면 '거짓'이었고 그 결과도 '참' 아니면 '거짓'이다. 참을 '1'로, 거짓을 '0'으로 표시해 보자. 전기 스위치를 사용하면 편리하게 나타낼 수 있다.

전기가 통하는 상태를 1로, 전기가 통하지 않는 상태를 0으로 표시하면 진리표에 있는 규칙을 전기 스위치의 연결 상태로도 나타낼 수 있다. 클로드 섀넌은 1938년 발표한 논문에서 조지 불의 논리 연산과 전기 스위치 연결 상태의 관계를 설명했다.

논리 연산을 전기 스위치로 나타내기

다음 그림을 보면 전선이 하나 있다. ①의 전선 한쪽 끝에는 건전지가 연결되어 있고 다른 한쪽 끝에는 조그만 전구가 연결되어 있다. ②처럼 전선의 중간을 끊어보자. 전구에 불이 들어올까? 전기가 끊겨 불이 들어오지 않는다. ③은 끊어진 전선 사이에 조그만 철사를 연결했다. 그러면 다시 전기가 통하고 전구에 불이 켜진다.

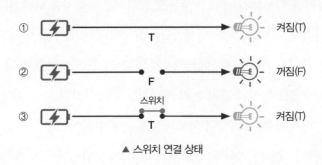

▲ 스위치 연결 상태

이렇게 전기를 흐르게 하거나 흐르지 않게 하는 장치를 '스위치'라고 한다. 전등 스위치, 텔레비전 스위치 등 제품을 껐다 켰다 할 수 있는 장치이다. 전기가 흘러 전구에 불이 켜진 상태를 '참', 영어로는 'T', 숫자로는 '1'로 표시해 보자. 전기가 흐르지 않아 전구에 불이 꺼진 상태는 '거짓', 'F', '0'으로 표시해 보자. 앞으로 그림이나 도표에서는 T 혹은 F로, 계산할 때는 1 또는 0으로 표시한다.

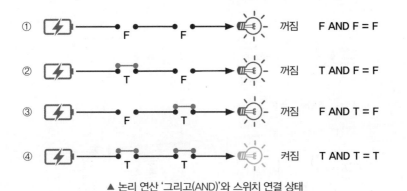

①	F	F	꺼짐	F AND F = F
②	T	F	꺼짐	T AND F = F
③	F	T	꺼짐	F AND T = F
④	T	T	켜짐	T AND T = T

▲ 논리 연산 '그리고(AND)'와 스위치 연결 상태

우선 논리 연산 '그리고(AND)'를 스위치로 표시해 보자.

①은 두 개의 스위치가 연달아 있는 상태다. 이것을 직렬연결이라고 한다. ①과 같이 연결된 선이 끊어졌다면 당연히 전구에 불이 들어오지 않는다. 이것을 논리 연산으로 표시하면 F AND F이고 결과는 F다.

②는 첫 번째 스위치는 연결이 되었지만(T), 두 번째 스위치는 연결이 끊어졌다(F). 이어진 전선이 한 군데라도 끊어졌다면 전구에 불은 들어오지 않는다. 즉, T AND F = F다.

③은 첫 번째는 연결이 안 되어 있고(F) 두 번째는 연결되었지만(T) 역시 전구에 불은 들어오지 않는다. F AND T = F이다.

④처럼 반드시 두 스위치 모두 연결되어야 전구에 불이 켜진다. T AND T = T이다.

이 결과는 앞서 본 진리표 '그리고(AND)'의 결과와 같다. 반드시 스위치가 두 개 모두 연결된 상태(T)에만 전구에 불이 들어온다(T).

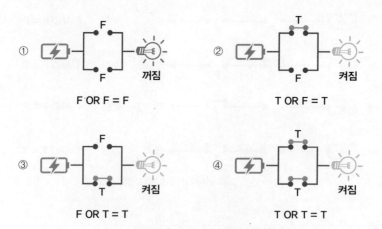

① F OR F = F   꺼짐

② T OR F = T   켜짐

③ F OR T = T   켜짐

④ T OR T = T   켜짐

▲ 논리 연산 '또는(OR)'과 스위치 연결 상태

논리 연산 '또는(OR)'은 스위치로 어떻게 표시할까?

논리 연산 '또는(OR)'은 두 개의 스위치가 나란히 연결되어 있는 것으로 나타낼 수 있다. 이런 연결을 병렬연결이라고 한다. 그림을 보면 연결된 두 개의 선 중에서 하나만 연결되어 있어도 전기가 흘러서 전구에 불이 켜진다.

① 두 개의 선이 모두 연결되어 있지 않아(F or F) 전기가 흐르지 않는다(F).

②, ③ 한 개의 선만 연결되어 있는데(T or F 또는 F or T) 연결된 선으로 전기가 흘러 전구에 불이 켜진다(T).

④ 두 개의 선이 모두 연결되어(T or T) 당연히 불이 켜진다(T).

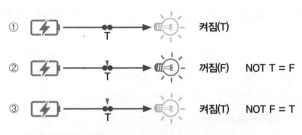

① 켜짐(T)

② 꺼짐(F)　　NOT T = F

③ 켜짐(T)　　NOT F = T

▲ 논리 연산 '아닌(NOT)'과 스위치 연결 상태

논리 연산 '아닌(NOT)'은 스위치로 어떻게 표시할까? 앞서 진리표에서 NOT은 무조건 반대로 생각하라고 했다. T가 아니면 F, F가 아니면 T이다. 스위치로 나타내면 위의 그림과 같다.

NOT 스위치는 끊어진 선을 잇는 것이 아니라 이어진 선을 잠깐 끊는다고 생각하면 이해하기 쉽다.

① 두 개의 선은 연결되어 있지만 떨어질 수도 있다.

② 두 선 사이에 뾰족한 나뭇조각을 끼워 넣으면 전기가 통하지 않는 나뭇조각에 막혀 더이상 전기가 흐르지 않고 전구의 불이 꺼진다. 이 상태가 NOT T(전기가 흐르지 않음)이며 결과는 F이다(전구가 켜지지 않음).

③ 나뭇조각을 빼면 선은 다시 이어지고 전기가 흐른다. 이 상태는 NOT F(전기가 흐름)이며 결과는 T(전구가 켜짐)다.

디지털과 아날로그

디지털은 딱 떨어지는 숫자로 표현하는 방식이에요. 원래 손가락을 의미하는 라틴어 디짓digit에서 나온 말인데, 손가락으로 숫자를 하나, 둘, 셋 센다는 뜻으로 사용되었지요. 반대로 아날로그는 무엇인가를 연속적인 방식으로 나타내지요. 그래서 하나의 딱 떨어지는 숫자로 표시하지 못하는 경우도 있어요.

몸무게를 재기 위해서 사용하는 체중계에도 디지털 방식과 아날로그 방식이 있어요. 두 가지를 비교해보면 차이를 쉽게 알 수 있어요.

▲ 디지털 체중계   ▲ 아날로그 체중계

왼쪽 사진의 디지털 체중계는 몸무게를 정확한 숫자로 표시해요. 아날로그 체중계는 바늘이 움직여서 몸무게에 해당하는 숫자를 가리키는데, 바늘이 숫자와 숫자 중간을 가리킬 때도 있어요. 이때는 숫자를 어림짐작해 읽어야 하지요. 요즘은 아날로그보다는 디지털 방식으로 많이 표현해요.

조지 불의 논리 연산과 스위치를 결합한 것을 '디지털 논리 회로'라고 부른다. '디지털'에는 딱 떨어지는 숫자로 정해져 있다는 의미가 있다. '논리'는 결과가 참 또는 거짓으로 나타나는 추론이라는 의미이며, '회로'는 전기가 흐르는 길이다. 즉, 디지털 논리 회로는 '0 또는 1과 같이 딱 떨어지는 숫자로 참과 거짓을 계산하는 전기 통로'라는 의미다.

또 다른 논리 연산을 해 보자. A와 B는 0 과 1 두 개의 숫자 중에서 하나를 골라야 한다. A와 B가 고른 숫자가 같다면 1, 다 르면 0이 되는 경우를 만들어 보자. 어떤 연산 규칙을 사용해야 할까? A와 B가 각 각 1 또는 0을 선택하는 다양한 경우의 결 과는 다음 표와 같다.

	A	B	결과
①	1	1	1
②	1	0	0
③	0	1	0
④	0	0	1

▲ A와 B가 같은 숫자면 결과가 1, 다른 숫자면 결과가 0인 연산

표와 같은 결과를 얻으려면 어떤 논리 연산을 해야 할까? AND를 사 용하면 ①, ②, ③은 원하는 대로 결과가 나오지만 ④는 틀리다. 원래 연 산규칙에 따르면 0 AND 0 = 0(F AND F = F)이다. 하지만 우리가 풀어 야 하는 문제에서는 A와 B 모두 0으로 같은 숫자이기 때문에 결과가 1(T)이 나와야 한다. OR을 사용하면 ①만 정답이고, ②, ③, ④가 틀리 다. 이 문제를 풀기 위해서는 AND, OR, NOT을 모두 이용해야 한다. 정답은 (A AND B) OR (~A AND ~B)이다(기호 '~'는 NOT을 의미한 다). 이것을 전기 스위치로 표현해 보자.

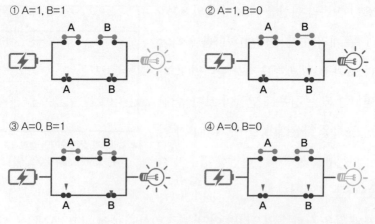

① A=1, B=1   ② A=1, B=0

③ A=0, B=1   ④ A=0, B=0

▲ (A AND B) OR (~A AND ~B)를 전기 스위치로 표현

위의 그림에는 지금까지 본 AND, OR, NOT이 모두 포함되어 있다. 건전지와 전구는 'OR'로 연결되어 있고, 위쪽 선과 아래쪽 선 모두 'AND'로 작동하는 전기 스위치가 있다. 아래쪽 선은 'NOT'이 'AND'로 연결되어 있다.

①을 보면 위쪽 선은 연결되어 있어 전기가 흐르고, 아래쪽 선은 끊어져 전기가 흐르지 않는다. 하지만 위, 아래 두 개의 선 중에서 하나라도 전기가 통하면 전구의 불이 켜진다. 즉, 결과는 '1'이다.

②와 ③은 위쪽 선과 아래쪽 선이 모두 끊어져 있어서 전기가 흐르지 않는다. 전구의 불은 켜지지 않는다. 결과는 '0'이다.

④는 위쪽 선이 끊어져 있지만 아래쪽 선은 전기가 흘러 전구의 불이 켜진다. '1'이다.

이것이 AND, OR, NOT을 이용해서 두 숫자가 같은지 다른지 판단하는 디지털 논리 회로의 원리이다. 디지털 논리 회로를 이용하면 보다 쉽고 작은 단위의 논리 연산을 조립해서 복잡한 문제를 풀 수 있다.

새넌의 아이디어로 스위치의 복잡한 연결도 수식으로 표현할 수 있게 되었다. 이로 인해 엔지니어와 과학자들은 어려운 일을 하는 자동 기계를 전보다 쉽게 설계할 수 있게 되었다. 그리고 마침내 전기 스위치들의 복잡한 연결로 컴퓨터가 만들어지게 되었다.

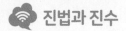

진법과 진수

진법이란 수를 셀 때 자릿수가 올라가는 단위를 기준으로 하는 셈법입니다. 우리는 일반적으로 10진법을 사용해요. 9+1=10이에요. 9에 1을 더하면 일의 자리는 0이 되고, 10의 자리가 1이 됩니다. 99+1을 계산해볼까요? 먼저 일의 자리를 더한 값은 9+1=10으로, 10의 자리에 1이 올라가고 일의 자리는 0이 돼요. 10의 자리에는 원래 9가 있었는데 일의 자리에서 온 1을 더하면 또 10이 돼요. 10의 자리에는 0이 남고 100의 자리가 1이 됩니다. 이렇게 셈하는 10진법에서 사용하는 숫자가 10진수랍니다.

셈법에는 10진법 외에도 여러 종류가 있어요. 아주 간단한 1진법도 있지요. 1, 11, 111, 1111, 11111…. 1진법은 1의 개수로 계산을 해요. 1진수 1은 10진수로 1이고, 1진수 11은 10진수로 2, 111은 10진수로 3인 거죠.

12진법도 있어요. 보통 시간을 나타낼 때 많이 사용합니다. 1년은 12개월이에요. 만약 월을 셀 때 10진법을 쓴다면 10월 다음이 새해 1월이 될 테지만, 12월 다음이 1월이 되죠. 또, 12시 다음이 새롭게 1시가 된답니다.

컴퓨터에서는 주로 2진법을 사용해요. 2진법은 0과 1 두 개의 숫자만 사용해요. 논리 연산을 할 때도 0과 1만 사용하지요. 스위치에도 전기가 통하는 상태와 통하지 않는 두 가지 상태만 있어요. 전기가 통하는 상태를 1로, 통하지 않는 상태를 0으로 표시하지요. 기계에 어떤 내용을 빠르고 정확하게 전달하는 가장 좋은 방법은 전기를 흐르게 하거나, 끊는 것으로 신호를 보내는 것입니다. 그래서 컴퓨터는 2진법과 2진수를 기본으로 숫자 계산도 하고 논리 연산도 한답니다.

10진수를 2진수로 바꾸기

10진수를 2진수로 바꾸는 법은 간단해요. 10진수를 계속 2로 나누고 그 나머지를 찾으면 된답니다. 10진수 14를 2진수로 바꿔 보아요.

14 나누기 2, 몫은 7 나머지는 0

다시 몫 7 나누기 2, 몫은 3 나머지는 1

다시 몫 3 나누기 2, 몫은 1 나머지는 1

다시 몫 1 나누기 2, 몫은 0 나머지는 1

10진수 14 = 2진수 1110

나누기를 마쳤습니다. 나머지를 아래에서부터 위로 거꾸로 쓰면 2진수를 확인할 수 있어요. 즉, 10진수 14는 2진수 1110으로 나타낼 수 있답니다.

제2차 세계 대전

전기 스위치에 관한 논문을 처음 발표했을 때 섀넌은 만 21세의 젊은 청년이었다. 계속 공부를 이어간 섀넌은 3년 뒤, 1940년 MIT에서 박사 학위를 받았다.

박사 학위를 받은 섀넌은 프린스턴 대학교 고등연구소에서 여러 뛰어난 학자들과 함께 연구 활동을 이어나갔다. 제2차 세계 대전 기간에는 벨 연구소에서 무기를 개선하는 방법과 암호 풀이에 관한 연구를 했다. 그리고 1943년 섀넌은 앨런 튜링과 만났다. 당시 튜링은 암호 풀이 기술을 나누기 위해 미국에 머물고 있었다. 두 사람은 자주 어울렸는데, 함께 점심도 먹고 차를 마시면서 이야기를 나누었다. 이때 튜링은 만능 기계에 관한 자신의 생각을 섀넌과 나누기도 했다. 섀넌은 튜링과의 대화를 통해 새로운 아이디어를 많이 얻었다.

또 다른 공적

아무리 뛰어난 학자라도 평생 큰 업적을 달성하기는 쉽지 않다. 그런데 섀넌은 디지털 논리 회로 외에도 또 다른 엄청난 생각을 해냈다. 1948년 섀넌은 「통신의 수학적 이론」이라는 논문을 발표하는데, 이 논문은 정보를 주고받을 때 가장 효율적인 방법이 무엇인지 다루었다. 새년이 제시한 방법은 오늘날 우리가 사용하는 전화, 이메일, 메신저 등 모든 통신 기술의 기초가 되었다. 카카오톡으로 친구에게 사진을 보내거나 유튜브에서 동영상을 볼 때, 용량이 큰 파일을 작은 크기로 압축할 때 사용하는 다양한 기술은 모두 새년이 고안해 낸 방법을 사용하고 있다. 그래서 새년을 '정보통신의 아버지'라고도 부른다.

또한 새년은 아날로그를 디지털로 바꾸는 방법인 '샘플링 이론'을 처음 생각해 냈다. 1949년에는 자동으로 체스를 두는 컴퓨터 프로그램을 만들었다. 사람보다 바둑을 더 잘 두는 알파고 같은 인공지능의 초기 아이디어라고 할 수 있다. 아쉽게도 당시에는 프로그램을 실행할 수 있는 컴퓨터가 없었기 때문에 실제로 작동시켜볼 수는 없었다.

이렇게 다양한 연구 업적을 세운 새년의 취미는 여러 개의 공을 떨어뜨리지 않고 손으로 던지고 받는 묘기인 저글링과 외발자전거 타기였다. 사람들은 새년이 외발자전거를 타고, 저글링을 하면서 벨 연구소를 돌아다니는 모습을 목격하고는 했다. 물론 새년은 체스도 좋아했다.

정보의 양은 어떻게 나타낼까? '스무고개'

다른 사람에게 어떤 일이 일어났는지 알리는 것을 '정보'라고 해요. 컴퓨터를 통해서 주고받는 수많은 메시지, 사진, 영상, 음악 등이 모두 정보에 해당합니다.

무게를 잴 때는 그램^g, 킬로그램^{kg}, 톤^{t}과 같은 단위를 사용합니다. 길이를 잴 때는 센티미터^{cm}, 미터^m, 킬로미터^{km}와 같은 단위를 쓰죠. 그런데 정보의 양을 나타낼 때는 어떤 단위를 사용할까요?

철수가 영희에게 1~10 사이의 숫자 5개를 골라 메시지를 보내고, 영희는 철수에게 알파벳 중 다섯 개를 뽑아 보낸다고 해 봅시다.

철수와 영희의 메시지 모두 길이가 다섯 자입니다. 그렇다면 두 개의 메시지는 같은 크기라고 할 수 있을까요? 아닙니다. 두 메시지에는 큰 차이가 있어요. 철수가 영희에게 보낸 메시지는 숫자 10개 중의 하나를 고른 것이고 영희가 철수에게 보낸 메시지는 알파벳 26개 중의 하나를 고른 거예요. 정보의 크기를 잴 때는 이 차이까지 생각해야 합니다.

'스무고개'라는 놀이를 아나요? 문제를 내는 사람은 무언가를 마음속에 생각하고, 상대방은 질문을 해서 그것이 무엇인지를 맞히는 놀이입니다. 질문에는 예와 아니요로만 대답할 수 있지요. 더 적은 횟수의 질문으로 답을 맞히는 사람이 승리합니다.

예를 들어서 철수가 '강아지'를 생각했어요. 상대인 영희가 "그것은 동물입니까?"라고 물어보면 철수는 "예"라고 답해요. 다음으로 영희가 "집에서 기르는 동물입니까?"라고 물어보면 철수는 또 "예"라고 답해요. "그것은 고양이입니까?" 라고 물어보면 "아니오"라고 답하죠.

문제! 10개의 숫자 중 하나인 1을 맞혀 봐요.

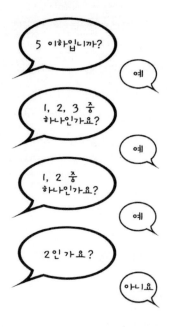

총 4번 질문을 해서 정답 '1'을 맞힐 수 있었어요. 만일 세 번째 질문에서 "2, 3중 하나인가요?"라고 질문을 했다면 정답을 세 번 만에 찾을 수도 있었습니다. 어떻게 하든 3번~4번 사이의 질문으로 답을 맞힐 수 있어요. 26개 중 하나인 알파벳을 고르면 최대 5회 이내의 질문에서 답을 맞힐 수가 있지요.

랠프 하틀리라는 미국의 과학자는 이처럼 답을 맞힐 수 있는 질문의 수를 이용해서 1928년, 정보의 크기를 구하는 공식과 단위를 만들었어요.

$$2^x = 선택\ 가능한\ 개수$$

이 때, x의 값은 정보의 크기

정보의 크기를 나타내는 단위 – 비트bit

철수가 영희에게 보낸 숫자 한 개의 크기를 구하기 위한 식은 $2^x=10$입니다. 이 때 x의 값은 3.32입니다. 평균 3.32회 질문하면 보기 10개 중에서 하나의 답을 맞힐 수 있고, 숫자(정보) 하나의 크기가 3.32비트라는 의미예요. 철수는 총 5개의 숫자를 보냈으니 철수가 보낸 정보의 크기는 다음과 같아요.

3.32 × 5 = 16.61

철수가 영희에게 보낸 정보의 크기: 16.61비트

영희가 철수에게 보낸 알파벳의 크기를 구하는 방법도 같아요.

$2^x = 26$일 때, x = 4.70

4.70 × 5 = 23.50

영희가 철수에게 보낸 정보의 크기: 23.50비트

섀넌은 이 공식으로 복잡한 상황에서 정보를 측정하고 전달하는 방법을 연구했어요. 이후 많은 기술이 섀넌의 연구를 바탕으로 발전했답니다.

새넌은 오랜 기간 알츠하이머 병과 싸우다 2001년 세상을 떠났다. 전 세계의 많은 컴퓨터 과학자, 엔지니어가 그의 죽음을 슬퍼했다. 구글은 2016년 새넌 탄생 100주년을 기념해서 다음과 같은 로고를 만들었다. 새넌이 0과 1을 가지고 저글링을 하는 모습이다.

▲ 클로드 새넌 탄생 100주년 기념 구글 로고

존 폰 노이만

John von Neumann (1903~1957)

컴퓨터의 기본 구조를 만들다

튜링과 섀넌의 아이디어를 바탕으로 초기 컴퓨터들이 개발되기 시작했다. 특히 제2차 세계 대전이 일어나자 적군이 사용하는 암호를 해독하고, 포탄을 목표물에 명중시키고, 군인들에게 필요한 식량이나 옷, 무기 등을 정확히 나눠주기 위해서 복잡한 계산을 빠르고 정확하게 해야 했다. 이 목적을 위해 컴퓨터가 만들어졌고 훌륭한 과학자나 기술자들이 전쟁에 승리하기 위한 기술 개발에 열중했다. 전쟁은 인류에게 커다란 비극이었지만 한편으로는 과학 기술이 크게 발전하는 계기가 되었다는 점은 아이러니하다.

영국에서는 콜로서스, 미국에서는 에니악이라는 이름의 컴퓨터가 만들어졌다. 이것들은 어마어마하게 크고, 전선들과 스위치들이 복잡하게 연결된 장치였다. 전기도 엄청나게 많이 필요했다. 게다가 원래 하고 있던 작업과 다른 일을 하게 하려면 아주 힘들고 시간도 무척 오래 걸렸다.

컴퓨터가 어떤 일을 하다가 다른 일을 하려면 규칙표를 바꿔야 했다.

▲ 초기 컴퓨터 에니악(왼쪽)과 에니악의 전선 연결 작업(오른쪽)

규칙표를 바꾸기 위해서는 스위치에 연결된 전선을 바꿔줘야 했다. 컴퓨터가 하나의 문제를 풀고 난 다음 다른 문제를 풀기 위해서는 위의 사진처럼 복잡한 전선을 사람들이 일일이 다시 연결해야 했다. 그래서 계산 작업에는 몇 시간 걸리지 않았지만, 다른 계산 규칙표를 기계에 연결하기 위해서 며칠씩이나 걸리기도 했다.

이렇게 복잡하고 어려운 작업을 쉽게 할 수 있는 컴퓨터의 기본 구조를 제안한 사람이 바로 존 폰 노이만이다.

어린 시절

존 폰 노이만은 1903년 헝가리 부다페스트에서 태어났다. 폰 노이만의 아버지는 부유한 은행가이자 귀족이어서 경제적으로 아주 풍족했고, 폰 노이만은 좋은 교육을 받을 수 있는 환경에서 자랐다. 폰 노이만은 신동으로 유명했다. 6살에 암산으로 8자리 숫자를 나눌 수 있었고, 고전 그리스어로 대화도 할 수 있었다고 한다. 8살에는 어려운 수학인 미적분을 통달했고 영어, 독일어, 프랑스어, 이탈리아어를 할 수 있었다. 역사도 좋아해서 세계사 전집도 즐겨 읽었다. 특히 한 번 본 것은 잊어버리지 않는 엄청난 기억력을 가지고 있었다고 한다.

존 폰 노이만의 놀라운 기억력과 관련된 일화도 있다. 하루는 폰 노이만의 아버지가 집에 온 손님들 앞에서 두꺼운 전화번호부의 페이지를 무작위로 펼친 다음 그의 아들에게 보여주었다. 폰 노이만은 그 페이지를 한 번 보고 바로 암기해서, 그 페이지에 있는 사람의 이름을 대면 주소와 전화번호를 정확하게 맞췄다고 한다.

폰 노이만은 열 살까지 학교에 다니지 않고 집에서 가정교사와 공부했고, 열 한 살이 되던 해에는 김나지움에 입학했다. 중학교와 고등학교를 합한 것과 같은 교육기관인 김나지움을 졸업하면 대학에 진학할 수 있는 자격이 주어졌다. 폰 노이만은 김나지움에 다니면서 가정교사와 더 어려운 공부도 했다. 수학에 뛰어난 실력을 보인 그는 대학에 입학하기도 전인 19세에 이미 훌륭한 수학 논문을 썼다.

하지만 폰 노이만의 아버지는 그의 아들이 수학보다는 돈을 잘 벌 수 있는 분야를 공부하기 바랐다. 폰 노이만은 아버지의 뜻을 따라 화학공학을 공부하기 위해 1923년 스위스 취리히 연방 공과대학에 입학했다. 이 학교는 과학과 공학 분야에서 세계적으로 유명한 학교였으며, 알베르트 아인슈타인도 이 학교의 졸업생이었다. 폰 노이만은 동시에 자신이 좋아하는 수학 공부를 이어가기 위해 헝가리 공립대학인 외트뵈시 로란드 대학교 수학과에 박사과정으로 입학했다. 그는 스위스와 헝가리를 오가며 1926년 두 곳의 학교를 한꺼번에 졸업했다. 졸업 후에는 독일의 괴팅겐 대학교에 가서 당시 가장 유명한 수학자였던 데이비드 힐베르트의 제자가 되어 본격적인 연구를 시작했다.

데이비드 힐베르트는 앨런 튜링의 이야기에서도 등장했던 인물이다. 앨런 튜링의 '만능기계' 아이디어가 담긴 논문은 수학자 힐베르트의 생각이 틀렸다는 것을 증명하기 위해 썼던 것이었다. 그 힐베르트가 바로 존 폰 노이만의 선생님이었다.

폰 노이만은 1928년부터 베를린 대학교에서 학생들을 가르치면서 한 달에 한 편 꼴로 수학 논문을 써냈다. 이후 미국의 프린스턴 대학교를

▲ 데이비드 힐베르트

거쳐 1933년부터는 프린스턴 고등연구소의 교수로 일했다. 프린스턴 고등연구소는 당시 세계적인 천재 과학자들이 모인 곳이었다. 1936년 미국에 유학을 갔던 앨런 튜링도 프린스턴 고등연구소에서 폰 노이만을 만났다. 폰 노이만은 앨런 튜링에게 함께 연구를 하자고 제안했지만 튜링은 미국에 남지 않고 영국으로 돌아갔

프린스턴 고등연구소

프린스턴 고등연구소는 1930년 미국 뉴저지의 프린스턴 시에 만들어진 과학 연구소입니다. 루이스 뱀버거, 캐롤라인 뱀버거라는 두 남매가 큰돈을 기부하고, 에이브러햄 플렉스너라는 교육 행정가가 만든 연구소지요. 역사, 수학, 자연과학, 사회과학 분야의 학자들이 모여 자유롭게 연구하는 곳으로 알베르트 아인슈타인, 로버트 오펜하이머, 쿠르트 괴델 등 세계적으로 뛰어난 학자들이 거쳐간 곳입니다. 이 학교의 교수가 되면 평생 아무런 조건이나 의무사항 없이 자신이 하고 싶은 연구를 할 수 있었습니다.

여러분도 나중에 한번 도전해 보세요!

▲ 프린스턴 고등연구소 전경

다. 두 사람이 함께 연구를 했다면 과연 어떤 일이 생겼을까? 아마도 놀라운 기술의 발전이 이루어졌을지도 모를 일이다.

모든 컴퓨터의 기본 구조, 폰 노이만 구조

1943년 폰 노이만은 영국을 방문하고 돌아오는 길에 초당 133번의 곱셈을 할 수 있는 컴퓨터 에니악(Electronic Numerical Integrator And Computer)ENIAC에 대한 이야기를 들었다. 미국에 돌아온 폰 노이만은 에

▲ 에니악을 만든 존 윌리엄 모클리와 존 프레스퍼 에커트

니악 개발을 주도했던 존 에커트를 만나 에니악을 실제로 보고, 개발에 참여한 과학자들과 여러 이야기를 나누었다. 이 경험을 바탕으로 폰 노이만은 규칙표 자체를 컴퓨터 안에 넣으면 좋겠다는 생각을 했다.

튜링머신에서 데이터는 테이프 형식으로 저장되어 있지만 규칙표는 따로 떨어져 있었다. 폰 노이만은 이 규칙표를 테이프에 같이 넣어두고 필요할 때마다 읽어내는 방식을 구상한 것이다. 지금 사용하는 컴퓨터 용어로 이야기하면 테이프는 '메모리 장치'이고 규칙표는 '프로그래밍'인 셈이다.

테이프에는 여러 숫자나 문자 등 계산에 필요한 자료가 기록되어 있는데, 만약 규칙표도 함께 기록해 둔다면 기계에게 새로운 일을 시킬 때마다 전선을 다시 연결하는 것처럼 복잡하고 시간이 오래 걸리는 작업이 필요 없었다. 필요한 규칙표가 기록된 테이프의 위치를 찾아 규칙표를 읽어내기만 하면 기계가 새로운 일을 할 수 있는 것이다.

이것을 '내장형 프로그램 컴퓨터'라고 한다. 말 그대로 '규칙표가 내부에 들어있는 계산 장치'란 뜻이다. 이러한 방식을 '폰 노이만 구조', 이 구조로 만들어진 컴퓨터를 '폰 노이만 머신'이라고 부른다. 오늘날

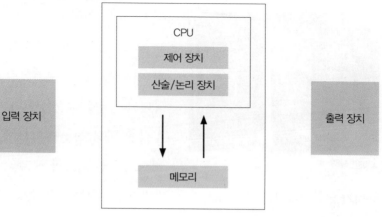

▲ 폰 노이만 구조

우리가 사용하는 모든 컴퓨터는 폰 노이만 구조를 바탕으로 만들어진 것이다.

그림으로 폰 노이만 구조를 한눈에 살펴볼 수 있다. 입력장치는 키보드, 터치스크린 등 무언가를 입력할 수 있는 장치이다. 출력장치는 모니터, 프린터처럼 결과를 보여주는 장치이다. CPU는 숫자계산과 논리 연산을 하고, 메모리는 필요한 내용을 기록한다.

〈리그 오브 레전드〉 게임을 하고 싶다고 하자. 우선 게임 소프트웨어를 컴퓨터에 설치해야 한다. 소프트웨어에는 매우 많은 규칙표가 들어 있다. 소프트웨어를 설치하면 메모리에 규칙표들이 저장되고, 게임을 할 때 필요한 내용을 그 때마다 읽어서 그대로 따라 하는 것이다.

폰 노이만은 에니악을 만들던 사람들과 함께 자신이 구상한 아이디

▲ 에드삭EDSAC

어를 발전시켜서 1945년 「에드박 보고서 초안」이라는 글을 썼다. 이 글은 내장형 프로그램 컴퓨터의 구조를 다룬 글이다. 이 방식을 바탕으로 1951년에는 '에드삭'이란 이름의 새로운 컴퓨터가 만들어졌다. 이후 컴퓨터는 점점 발전해서 오늘날 우리가 쓰는 것처럼 작고 가벼우면서 속도는 더 빠른 컴퓨터가 되었다. 폰 노이만의 기본 구조는 여전히 모든 컴퓨터의 기초이다.

내장형 프로그램 컴퓨터는 누가 처음 생각했을까?

에니악의 개발 책임자였던 존 에커트는 내장형 프로그램 구조를 '폰 노이만 구조'가 아니라 '에커트 구조'라고 이름 붙여야 한다고 주장했어요. 처음 이 아이디어를 생각한 것은 폰 노이만이 아니고, 자신을 비롯해 에니악을 개발하던 다른 사람들이 먼저 이 생각을 하고 있었다고요. 다만 외부에 발표할 때 폰 노이만의 이름만 있어서 잘못 알려진 것이라 했습니다. 어찌 되었든 보고서의 표지에 폰 노이만의 이름만 있었기에 지금까지 '폰 노이만 구조'라는 이름으로 알려져 있습니다.

존 에커트는 이후 1946년에 직접 컴퓨터 회사를 차립니다. 여기서 유니백이라는 최초의 상업용 컴퓨터를 만들었어요. 이 유니백은 미국 대통령 선거 여론조사 등 다양한 용도로 널리 쓰였지요. 에커트는 비록 내장형 컴퓨터 최초 발명자라는 명예는 얻지 못했지만, 1980년대까지 컴퓨터 회사를 운영하면서 컴퓨터의 발전에 큰 공헌을 했습니다.

폰 노이만의 다양한 업적

폰 노이만은 뛰어난 머리만큼이나 여러 분야의 과학 발전에 이바지했다. 그의 유명한 연구 중 몇 가지를 살펴보자.

우선 '게임이론'이 있다. 체스나 바둑 같은 게임을 할 때 가장 효과적으로 승리할 수 있는 방법을 찾는 방식을 문제 해결에 적용한 것이다. 폰 노이만은 1928년부터 게임이론을 수학적으로 증명하기 위해 연구했다.

폰 노이만은 사람들은 게임을 할 때 자신의 손해를 최소화하고자 한다고 생각하고 '최소극대화 전략Maximin Strategy'이라는 이론을 만들었다.

최소극대화 전략 '케이크 자르기 문제'
맛있는 케이크를 철수와 영희가 나누어 먹으려고 하고 있습니다. 어떻게 나눠 먹어야 두 사람 모두 공평하다 생각하고 만족할까요?
두 사람 모두 만족할 수 있는 방법은 영희가 케이크를 자르고, 그다음 철수가 두 조각 중에서 자기 것을 먼저 고르는 것이에요. 반대로 철수가 케이크를 자르고 영희가 골라도 괜찮아요.
왜 이 방법이 좋을까요? 케이크를 자르는 사람은 상대방이 먼저 고른다는 것을 알기 때문에 최대한 공평하게 자르려고 할 거예요. 만일 한쪽은 크게 자르고 다른 쪽은 작게 자르면 먼저 골라가는 상대방이 더 큰 조각을 가져갈 테니까요. 고르는 사람은 자신이 먼저 고르기 때문에 자르는 사람이 어떻게 자르든 불만이 없을 거예요.
바로 이런 방법이 자신의 손실을 줄이고 이익은 키우는 '최소극대화 전략'이에요.

그리고 이 이론을 발전시켜 1944년에는 오스카 모르겐슈테른이란 경제학자와 함께 『게임이론과 경제 행동』이라는 책을 썼는데 이 책은 경제학뿐 아니라 생물학, 심리학, 사회학 등에도 큰 영향을 주었다.

이외에도 '집합론'에 관한 수학 이론, 물리학인 양자 역학에 관한 수학 이론을 완성하기도 했다.

핵폭탄 개발

제2차 세계 대전이 발발하고 많은 과학자가 전쟁과 관련된 연구를 하게 되었다. 전쟁에서 승리하기 위해서는 어떤 무기를 만들어서 사용할지 결정하고, 필요한 물자를 조달하며, 멀리

▲ 맨해튼 프로젝트에서 개발된 핵폭탄 '팻 맨'

떨어진 아군끼리 서로 메시지를 주고받기 위해 다양한 과학 기술이 필요했다. 폰 노이만은 핵폭탄을 개발하는 맨해튼 프로젝트에 참여했다. 그는 어떻게 해야 가장 큰 폭발을 일으킬 수 있는지를 주로 연구했다. 매우 많은 수학 계산이 필요한 연구에서 폰 노이만은 자신의 수학 이론을 바탕으로 핵폭탄의 거대한 폭발 가능성을 증명했다.

맨해튼 프로젝트는 2차 세계 대전 당시 핵폭탄을 개발하기 위한 비밀 프로젝트였습니다. 1942년부터 1946년까지 4년간 미국이 주도했으며 영국, 캐나다 등이 참여했지요. 알베르트 아인슈타인, 엔리코 페르미, 로버트 오펜하이머, 존 폰 노이만 등 당시 세계적인 과학자들이 많이 참여했습니다.

맨해튼 프로젝트의 결과로 2발의 핵폭탄이 개발되었고, 결국 2차 세계 대전을 끝내는 데 사용되었어요. 전쟁 무기는 수많은 사람의 목숨을 앗아가고 재산을 파괴하는 데 사용되었지만, 무기를 개발하는 데 사용된 기술들은 전쟁이 끝난 뒤 편리한 일상을 만드는 데 쓰이고 있답니다.

▲ 맨해튼 프로젝트의 비공식 앰블럼

남다른 천재였던 폰 노이만의 마지막 연구

프린스턴 고등연구소에는 아인슈타인, 오펜하이머, 괴델 등 당시 수많은 천재가 모여 있었는데 그중에서도 폰 노이만은 특히 똑똑했다. 사람들이 '폰 노이만은 인간의 언어를 습득한 외계인'이라는 농담을 즐겨 할 정도였다.

폰 노이만과 함께 김나지움을 다녔던 오랜 친구 유진 위그너는 1963년 노벨 물리학상을 받았다. 위그너는 "헝가리에는 왜 이렇게 천재가 많습니까?"라는 질문을 받고 이렇게 대답했다고 한다.

"천재가 많다니요? 천재는 오직 폰 노이만뿐이에요."

▲ 유진 위그너

폰 노이만의 뛰어난 기억력에 대한 일화는 또 있다. 동료 과학자가 어떤 소설에 관해 묻자, 폰 노이만은 동료가 그만하라고 할 때까지 소설을 처음부터 외워서 들려주었다고 한다.

폰 노이만의 암산 능력은 너무나도 뛰어나 아무리 복잡한 문제라도 몇 분 만에 풀 수 있었고, 어떤 계산은 당시 컴퓨터보다 더 빠르게 답을 내기도 했다. 수소폭탄 효과를 계산하는 데는 다른 과학자들이 계산기를 이용하는 것보다 폰 노이만이 암산으로 계산하는 것이 더 빨랐다고 한다. 또 어떤 수학자가 3개월 동안 고생해서 푼 문제를 즉각 암산으로 해결했다고도 한다.

한번은 폰 노이만에게 수업을 듣던 학생이 "선생님은 수학을 얼마나 이해하고 계세요?"라고 질문했다. 잠시 생각하던 폰 노이만은 28%라고 답했다. 28%라고 답할 수 있다는 것은 수학 전체가 무엇인지를 알고 있다는 의미이니, 그가 대단한 천재임은 틀림없는 듯하다.

수학이나 과학에서 뛰어난 성취를 보인 천재들은 보통 성격이 괴팍하거나 사교적이지 못하고, 다른 사람과 어울리기보다는 혼자 있는 것을 즐기는 경우가 많다. 그런데 폰 노이만은 다른 수학자들과는 다르게 굉장히 사교적이고 쾌활한 성격이었다. 집에 손님들을 초대해 떠들썩

한 파티도 즐겼다. 상당한 멋쟁이라 옷차림에도 항상 신경을 썼고, 유머 감각도 있어서 농담을 즐겼다.

그가 마지막까지 관심을 가졌던 분야는 인간의 행동과 컴퓨터의 동작 방식을 연결하는 것이었다. 특히 간단한 규칙만 가지고 스스로 자기 자신을 복제해서 증식하는 프로그램에 관해서 연구했다. 하지만 연구를 완성하지 못한 채 1957년 암으로 세상을 떠나고 말았다. 사람들은 만일 그가 조금 더 오래 살았다면 인공지능이 훨씬 일찍 완성되었을 것이라고 입을 모아 말한다.

천재 중에서도 뛰어난 재능을 가지고 태어난 폰 노이만은 지금까지 모든 컴퓨터가 사용하는 기본 구조를 만들었을 뿐 아니라 과학의 여러 분야에 큰 공헌을 했다.

윌리엄 쇼클리

William Bradford Shockley (1910~1989)

트랜지스터 발명, 컴퓨터의 크기를 줄이다

전쟁 중에 영국에서는 '콜로서스'라는 컴퓨터가, 미국에서는 '에니악'이라는 컴퓨터가 만들어졌다. 콜로서스는 독일군 암호를 해독하기 위해서, 에니악은 대포를 쏠 때 포탄이 날아가는 궤도를 계산하기 위해서 만든 것이었다.

콜로서스나 에니악 같은 컴퓨터는 엄청나게 빠른 속도로 계산을 했지만 매우 크고, 무겁고, 전기도 많이 필요했다. 에니악은 웬만한 아파트 한 채를 꽉 채울 정도로 크기가 컸고, 무게도 30톤이나 되었다. 그리고 작동하는 데 전기도 굉장히 많이 필요해서 한 번 작동시키면 그 동네가 모두 정전이 되었다는 이야기도 전해진다.

이처럼 컴퓨터가 크고 무거운 이유 중 하나는 전기 스위치와 이 스위치들을 조립해서 만든 전기회로 때문이다. 복잡한 계산을 하기 위해서는 매우 많은 전기 스위치와 전기회로가 필요했고 이 전기 스위치들은 빠르게 연결되고 끊어지기를 반복하면서 0과 1을 나타내야 했다.

당시에 전기 스위치로 사용한 것이 '진공관'이다. 기체를 빼낸(진공)

원통형 유리(관) 안에 전기가 통할 수 있도록 금속을 집어넣은 것인데, 전기를 흐르게 하거나 막는 스위치 역할을 했다.

진공관은 신호를 크게 만드는 기능도 했기 때문에 다양한 전자 제품을 제작하는 데 꼭 필요했다. 텔레비전이나 라디오도 진공관을 이용해서 만들었다. 하지만 진공관은 하나하나가 크고 무거웠기 때문에 여러 개의 진공관으로 만든 전자 기기들도 크고 무거웠다. 게다가 진공관은 유리로 만들기 때문에 쉽게 깨지고, 금방 뜨거워졌으며

▲ 진공관

진공

진공이란 말을 들어봤나요? '진공청소기'는 여러분에게도 친숙할 거예요.

진공은 '아무것도 없다'는 의미입니다. 공기조차 없는 상태를 말해요. 하지만 일반적으로 공기보다 적은 물질이 포함된 상태를 만들 수는 있어도, 그야말로 '아무것도 없는' 상태는 만들 수 없습니다. '진공 상태'란 공기에서 산소, 질소와 같은 기체분자, 혹은 금속 물질 등이 제거된 상태에요. 진공청소기의 진공은 보통 공기보다 압력이 작은 상태를 말해요.

진공 상태에서는 일반 공기 상태에서는 볼 수 없는 다양한 현상을 관찰할 수 있어서 과학 연구에 매우 중요합니다. 에디슨이 전구를 발명하고, 병원에서 사용하는 X선을 발견한 것도 진공 상태를 이용한 것이랍니다. 지금도 핵융합 기술, 자기 부상 열차 등을 개발하는 데 진공이 중요한 역할을 하고 있어요.

전기가 많이 필요하다는 단점이 있었다.

콜로서스에는 약 2,400개의 진공관이 사용되었고, 에니악에는 약 17,000개의 진공관이 사용되었다. 그러니 어마어마하게 크고, 무거운 것이 당연했다. 이런 문제 때문에 많은 과학자는 진공관을 대신할 수 있는 새로운 기술을 찾기 위해 고심하고 있었다. 윌리엄 쇼클리도 그중 한 사람이었다.

쇼클리, 트랜지스터를 발명하다.

윌리엄 쇼클리는 1910년 영국에서 태어났지만 미국 캘리포니아주 팔로 알토에서 자랐다. 부모님 모두 광산에서 일했는데, 아버지는 광산 기술자였고 어머니는 미국 최초의 여성 광산 측량가였다. 광산 측량가는 광산에 광물이 얼마나 넓은 지역에 퍼져 있고, 얼마나 많이 묻혀 있는지를 살피는 사람이다.

쇼클리는 어려서부터 남들이 생각하지 못한 기발한 방법으로 수학이나 과학 문제를 푸는 재능을 가지고 있었다고 한다. 엉뚱한 발명품을 만들어 사람들을 놀라게 하기도 했다. 쇼클리는 과학과 기술에 해박한 부모님에게서 학교에서 배우는 것 이상으로 많은 것을 배울 수 있었다.

우등생이었던 쇼클리는 1932년 캘리포니아 공과대학을 졸업하고 1936년에는 MIT에서 박사 학위를 받은 후 당시 미국에서 유명했던 벨 연구소에 연구원으로 들어갔다. 쇼클리는 주로 고체물리학 분야를 연구해서 훌륭한 논문을 많이 발표했다.

쇼클리도 전쟁을 피하지는 못했다. 쇼클리는 2차 세계 대전 기간 레이더 탐지와 잠수함의 접근을 막는 방법 등을 연구했다. 전쟁이 끝난 뒤에는 공훈을 인정받아 훈장을 받기도 했다. 1945년 전쟁이 끝나고 벨 연구소로 돌아온 이후에야 쇼클리는 비로소 본격적으로 진공관을 대체할 수 있는 장치를 만들기 시작했다.

▲ 에니악에 사용된 진공관

쇼클리는 연구소 동료였던 물리학자 존

벨 연구소

벨 연구소는 20세기 최고의 혁신적인 연구센터로 명성이 높았어요. 벨 연구소는 1925년 미국의 통신 회사인 AT&T에서 회사에 필요한 연구와 기술 개발을 하는 연구소로 시작했어요. 이 연구소에는 지금도 물리학, 유기 화학, 금속 공학, 자기학, 전도학, 방사선학, 전자공학, 음향학, 음성학, 광학, 수학, 기계학, 생리학, 심리학, 기상학 등 각 분야의 뛰어난 전문가들이 모여서 연구를 진행하고 있답니다. 1960년대에 최고로 전성기를 누렸는데, 당시에는 연구원이 무려 15,000명이나 되었답니다. 벨 연구소는 사람들이 실제로 필요로 하는 기술을 많이 개발했는데, 그 결과 지금까지 벨 연구소에서는 14명이나 되는 연구원이 노벨상을 받았지요.

마이크로소프트의 빌 게이츠는 "만일 타임머신이 있어 과거로 여행할 수 있다면 제일 처음 가보고 싶은 곳이 1947년 말 벨 연구소다."라고 했다고 합니다. 1947년 말 벨 연구소에서는 쇼클리가 진공관을 대신하는 트랜지스터라는 새로운 장치를 만들어냈어요.

▲ 미국 뉴저지에 위치한 벨 연구소

바딘, 월터 브래튼과 함께 진공관을 대체할 장치를 연구했다. 쇼클리는 팀의 리더 역할을 했으며, 다른 두 사람은 실험과 개발을 주도했다. 쇼클리 팀은 여러 가지 물질을 바꿔가면서 장치를 만들고 실험을 계속했지만 번번이 실패를 거듭했다.

실패에도 굴하지 않고 계속 연구와 실험을 하던 쇼클리 팀은 마침내 세계 최초로 진공관을 대신할 수 있는 '트랜지스터'를 만들어내는 데 성공했고 1947년 12월, 세상에 처음 공개했다.

　요즘은 많이 사용하지 않지만 30년 전만 해도 트랜지스터는 신기술의 대표선수였다. 트랜지스터는 진공관처럼 전기를 연결했다 끊기도 하고, 작은 신호를 크게 증폭할 수도 있었다. 하지만 진공관보다 크기가 아주 작았고, 열도 별로 발생하지 않았으며 전기 소모량은 진공관의 백만분의 일 정도밖에 되지 않았다. 전자기기를 만들 때 진공관 대신 트랜지스터를 사용하기 시작하면서 전자기기들의 크기가 작아지고 성능도 크게 좋아졌다.

　진공관은 처음 켜면 작동할 때까지 꽤 오랜 시간이 걸렸다. 열선이 뜨겁게 달궈지기까지 시간이 필요하기 때문이었다. 그래서 진공관으로 만들어진 라디오를 켜면 소리가 나올 때까지 시간이 걸렸다. 하지만 트랜지스터 라디오는 켜자마자 소리가 나왔다.

　게다가 트랜지스터를 만드는 주원료인 규소는 지구상에서 산소 다음으로 흔한 물질로, 주로 모래나 진흙으로부터 얻을 수 있었다. 규소는 영어로 실리콘이며, '반도체' 성질을 가지고 있다. 반도체는 어떤 환경에서는 전기가 통하고, 어떤 환경에서는 전기가 통하지 않는 물질이다. 이러한 특성으로 인해 반도체를 스위치로 사용할 수 있다.

▲ 트랜지스터

　또한 트랜지스터는 값도 싸고, 만들기도

간단해서 많이 생산할 수 있었다. 아주 작은 트랜지스터 여러 개를 조그만 판 위에 모아 조립할 수도 있었다. 컴퓨터뿐 아니라 TV, 라디오와 같은 여러 전자 제품은 트랜지스터를 이용하며 비약적으로 발전하게 되었다.

쇼클리와 존 바딘, 월터 브래튼은 '접촉 트랜지스터'를 만들었다. 쇼클리는 연구의 기본 아이디어를 제공하고 바딘과 브랜트는 직접 실험을 했다. 그러나 트랜지스터가 발명된 다음 누가 발명한 것인지 정할 때 세 사람 간에 다툼이 일어났고, 세 사람의 사이는 멀어지고 말았다.

쇼클리는 트랜지스터의 원리를 밝혀내고 해석한 자신이 발명자라고 생각했지만, 바딘과 브래튼은 직접 실험하고 제작한 자신들이 발명자라고 주장했다. 결국 발명한 사람이 누구인지 정하지 못하고, 1956년 세 사람은 공동으로 노벨 물리학상을 받았다.

쇼클리는 접촉 트랜지스터가 대량으로 만들기 어렵다고 생각해서 다른 방식의 트랜지스터를 만들어 냈다. 이 트랜지스터는 '접합 트랜지스터'로 1951년 완성되었다. 오늘날에는 '접합 트랜지스터' 방식을 사용하고 있다.

트랜지스터는 어떻게 스위치 역할을 할까?

트랜지스터의 원리를 이해하기 위해서는 원자, 중성자, 양성자, 전자의 개념을 이해해야 한다. 하나씩 차근차근 알아보자.

모든 물질은 '원자'라고 불리는 아주 작은 성분으로 이루어져 있다. 이 원자의 가운데에는 '핵'이 있고, 핵 주위에는 '전자'가 돌고 있다. 마치 태양계에서 태양을 중심으로 지구와 다른 행성이 돌고 있는 것과 같다. 핵은 태양이고 전자는 다른 행성들인 셈이다.

핵은 (+) 성질이고 전자는 (−) 성질이다. (+) 성질과 (−) 성질 사이에는 당기는 힘이 작용하기 때문에 전자는 핵 주위를 벗어나지 않는다. 그런데 어떤 전자는 핵의 힘에서 벗어나 마음대로 돌아다닐 수도 있다. 마음대로 돌아다니는 전자를 '자유전자'라고 한다. 자유전자가 움직이면

전기가 통하고, 움직이지 않으면 전기
가 끊어진다. 스위치는 자유전자의 이
동을 허락하거나 막는 역할을 한다.

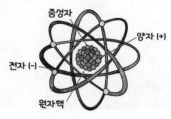

▲ 원자의 구조

자유전자의 이동을 조절하기 위해
트랜지스터는 '반도체' 성질을 이용한
다. 트랜지스터의 주원료는 '규소'라는 반도체인데, 규소 자체에는 자유
전자가 없다. 하지만 규소에 '인'이라는 물질을 넣으면 자유전자가 생겨
난다. 그림으로 살펴보자.

왼쪽 그림은 규소 원자끼리 연결돼서 안정된 상태이다. 규소에는 자
유전자가 없어서 전기가 통하지 않는 상태다. 오른쪽 그림처럼 '인'을
넣으면 규소 대신 인이 자리 하나를 차지한다. 인은 규소보다 전자가 한
개 많아서, 규소와 연결된 뒤에는 전자가 하나 남는다. 이 남은 전자가
자유전자가 되어 마음대로 돌아다닌다.

트랜지스터에서는 규소에 인을 넣으면 전기가 통하는 준비 상태가

▲ 규소 원자(왼쪽)와 규소 원자에 인이 결합한 모습(오른쪽). 노란색이 인이고 빨간 원이 자유전자
이다. (출처: Learn Engineering 유튜브)

▲ 규소 원자와 규소 원자에 붕소가 결합한 모습. 전자 하나가 왼쪽 양공으로 이동하면, 양공은 오른쪽으로 이동한 것이 된다. 파란색이 붕소, 초록 원이 양공이다. (출처: Learn Engineering 유튜브)

된다. 이처럼 다른 물질이 추가되어 자유전자가 생긴 반도체를 N형 반도체라고 부른다.

이번에는 전자가 하나 부족한 상태를 만들어 보자. 규소에 '붕소'라는 물질을 넣으면 전자가 하나 부족한 빈자리가 생긴다. 이 자리를 '양공'이라고 한다. 양공은 (+) 성질이다. 빈자리인 양공은 옆에 있는 (-) 성질의 전자를 끌어와서 자리를 채우려고 한다. 그러면 끌려온 전자의 원래 자리가 비게 되어 새로운 양공이 된다. 새 양공은 다시 그 옆의 전자를 끌어온다. 이런 방식으로 연속적으로 전자가 양공의 빈자리를 채우면서 움직인다.

위의 그림처럼 옆에 있는 전자가 빈자리를 차례로 채워 나가면서 양공과 전자가 반대 방향으로 움직인다. 이런 반도체를 P형 반도체라고 부른다.

P형 반도체와 N형 반도체를 붙여서 살펴보자.

그림 ①처럼 P형에 양극(+)을, N형에 음극(-)을 연결하면 P형에 있

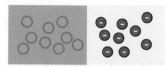

P형: 양공 있음   N형: 자유전자 있음

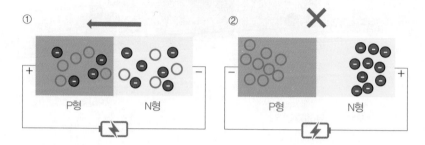

▲ NP결합과 전기 연결

는 양공은 N형쪽으로 움직이고, N형에 있는 자유 전자들은 P형 쪽으로 밀려 나가서(음과 음은 서로를 밀어낸다) 자유전자가 N형에서 P형으로 이동한다. 즉, 전류가 흐른다. 하지만 그림 ②처럼 전기를 반대로 연결하면 자유전자는 이동하지 못한다. 즉, 전류가 흐르지 않는다. (+)가 (−)를 끌어당겨 자유전자가 한쪽으로 몰리기 때문이다.

그렇다면 스위치는 어떻게 작용할까? NP형 반도체에 N형 반도체를 하나 추가해 보자. 이것은 NPN형 반도체라고 한다. 두 개의 N형 사이에 P형이 끼어 있는 모습이라 샌드위치 반도체라고도 한다. 여기에 전기를 연결한다고 해서 자유전자가 움직이지는 않는다.

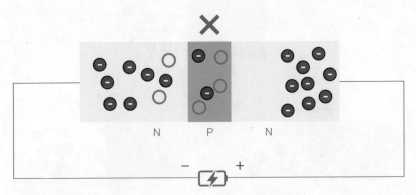

▲ NPN 반도체에 전기 연결

　몇 개의 자유전자가 왼쪽 N형에서 가운데 P형으로 움직이기는 하지만, 오른쪽의 N형까지는 이동하지 못한다. 이 상태에서 전선을 하나 더 연결해 보자.

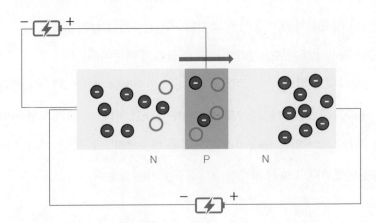

▲ NPN 반도체에 스위치 기능을 하는 전기를 더 연결

새로운 전선은 PN 반도체에 연결되었다. 그림처럼 P형 반도체에 전기를 흐르게 하면 자유전자는 왼쪽 N형에서 P형으로, 이어서 오른쪽의 N형까지 이동할 수 있다. P형 반도체에 (+)가 연결되어 전기가 흐르면 스위치가 켜지고, 연결을 끊으면 스위치도 꺼진다.

쇼클리와 8인의 배신자들

쇼클리는 1953년 벨 연구소를 떠났다. 1955년에는 베크먼 인스트루먼트라는 회사에서 자신의 이름을 딴 '쇼클리 반도체 연구소'를 만들었다. 당시 신기술 트랜지스터는 커다란 인기를 끌었고, 트랜지스터의 발명자인 쇼클리는 그만큼 유명했다. 그의 명성에 대학을 막 졸업한 젊은 인재들이 쇼클리의 연구소로 모여들었다.

하지만 쇼클리의 연구소는 새로운 연구 결과물을 내지 못했다. 사실 쇼클리의 성격은 그다지 좋지 않았다. 다른 사람의 의견은 무시한 채 자기 고집대로만 연구소를 운영했기 때문에 함께 일하던 많은 사람이 쇼클리의 연구소를 떠났다. 1957년에는 고든 무어를 비롯한 8명의 연구원이 연구소를 떠나 페어차일드 반도체라는 새로운 회사를 만들었다. 쇼클리는 이들을 '8인의 배신자'라고 불렀지만, 이 8인의 배신자들은 반도체 역사의 또 다른 전설을 써나갔다.

▲ 현대의 집적 회로

이후 트랜지스터는 점점 작아지고, 성능도 좋아졌다. 작은 판 위에 여러 개의 트랜지스터를 조립하는 '집적 회로' 기술도 발전했다. 1970년대에는 조그만 동전 크기의 판 위에 1만 개 정도의 트랜지스터를 넣은 집적 회로가 컴퓨터에 사용되었다. 30년 만에 18,000여 개의 진공관을 사용해서 아파트 한 채 크기였던 에니악이 손톱만큼 작아지는 놀라운 발전을 이루게 되었다. 현재는 수십억 개의 트랜지스터를 넣은 집적 회로로까지 발전했다.

쇼클리는 1963년 연구소를 그만두고 스탠포드 대학의 교수가 되어 은퇴할 때까지 연구와 강의를 계속했다.

천재의 외로운 말년

쇼클리는 성격 탓인지 주위 사람들과 잘 지내지 못하고 외롭게 지냈다. 사람들은 쇼클리가 자만심과 편견으로 가득 찬 괴팍한 사람이라고 했다. 게다가 그는 '우생학'이라는 위험한 사상을 신봉했다. 우생학은 태어날 때부터 우월한 사람과 열등한 사람이 정해져 있다는 주장이다. 제2차 세계 대전 당시 나치가 유대인 학살을 한 근거이기도 했다. 지금도 인종차별 등의 근거가 되기도 한다. 가족과 친구들도 쇼클리와 멀어져 1989년 그가 병으로 세상을 떠났을 때 자식들도 그의 죽음을 신문을 통해 알았다고 한다.

하지만 쇼클리가 우리에게 새로운 기술을 가져다준 천재적인 과학자라는 데는 의심의 여지가 없다. 그가 발명한 트랜지스터를 빼고는 현재의 전자공학 기술에 관해 이야기할 수 없다. 트랜지스터는 이후 반도체 회로로 발전했고 컴퓨터는 더 작아지고 빨라졌다.

데니스 리치

Dennis Ritchie (1941~2011)

C 언어로
컴퓨터에 쉽게 명령하다

트랜지스터가 발명되고 컴퓨터는 비약적으로 발전했다. 크기는 작아지고, 계산속도는 더 빠르고, 전기도 적게 소모하는 컴퓨터가 만들어졌다. 1954년에는 벨 연구소에서 진공관을 하나도 사용하지 않고 트랜지스터만으로 만든 컴퓨터를 최초 공개했다. '트래딕'이라는 이 컴퓨터의 크기는 에니악의 300분의 1정도로 작았고 전기도 훨씬 적게 소모했다.

컴퓨터에게 명령하기

컴퓨터는 스스로 무엇인가를 하지 못하고 반드시 사람이 구체적으로 지시해야만 한다. 1+2=3과 같이 간단한 계산을 할 때도, "1을 읽고, 한 칸 옆으로 옮겨 2를 읽은 다음 둘을 더하고 다시 다른 칸으로 옮겨 답을 써라"처럼 컴퓨터에게 절차와 방법을 하나씩 다 지시해야 한다.

튜링이 처음 고안한, 컴퓨터의 원조격인 튜링머신의 규칙표를 다시

▲ 최초의 트랜지스터 컴퓨터 트래딕

떠올려 보자. 규칙표에 '1) 다음 칸으로 가라 2) 숫자를 읽어라 3) 끝내라'가 적혀 있다면 튜링머신은 이 순서대로 일한다. 이렇게 컴퓨터가 할 일을 자세하게 지시하고 명령하는 규칙을 모아 둔 것을 '프로그램' 또는 '소프트웨어'라고 부른다.

컴퓨터에 지시하기 위해서는 컴퓨터가 알아들을 수 있는 말을 써야 한다. 컴퓨터가 이해할 수 있는 말을 '컴퓨터 언어'라고 한다. 컴퓨터 언어를 이용해서 프로그램 또는 소프트웨어를 만드는 것을 '프로그래밍' 혹은 '코딩'이라고 한다. 프로그래밍을 전문적으로 하는 사람은 무엇이라고 부를까? 그렇다. '프로그래머'이다.

프로그램의 시초는 1803년 프랑스의 자카드라는 사람이 옷감을 짜는 데 활용한 방법이다. 자카드는 카드에 구멍을 뚫고 그 구멍에 철사를 통과시키는 방식으로 옷감의 무늬를 짰다. 옷감을 직조하는 방법에 따라 카드에 구멍을 뚫고 옷감 짜는 기계에 연결하면 자동으로 정해진 무늬의 옷감을 짤 수 있었다. 그래서 아주 복잡한 무늬도 기계를 이용해서 빨리 짤 수 있었다.

차분기관, 해석기관과 같은 자동 계산 기계를 만든 찰스 배비지도 카드를 사용해서 계산을 했다. 마치 옷감을 짜는 것처럼, 카드를 이용해서 기계에 문제를 풀기 위해 해야 하는 일을 순서대로 알려 주면 계산 기계는 지시를 따라 그대로 실행했다. 이

▲ 자카드가 옷감을 짜는데 이용한 카드와 기계

카드를 펀치카드라고 했다. 지금 우리가 컴퓨터로 게임을 하고, 영상을 보고, 친구와 메시지를 주고받는 것처럼 복잡한 일을 할 수 있는 원리도 기본적으로 펀치카드와 동일하다.

컴퓨터에 지시를 하기 위해서는 컴퓨터가 알아들을 수 있는 말을 사용해야 한다. 컴퓨터가 알아듣는 말은 '0'과 '1'의 전기 신호뿐이다. 그래서 컴퓨터에 명령을 하기 위해서는 신호를 0과 1로 바꿔야 한다. 쇼클리가 발명한 트랜지스터 같은 반도체는 0과 1의 신호를 만들었고, 섀넌의 논리 연산은 0과 1로 계산을 하는 방법이다.

에이다 러브레이스, 최초의 컴퓨터 프로그래머

에이다 러브레이스는 영국의 유명한 시인 바이런의 외동딸이에요. 에이다는 어려서부터 수학에 뛰어난 재능을 가지고 있었어요. 그녀는 배비지가 만든 '해석기관'의 사용설명서를 만들면서 '베르누이 수'라는 것을 계산하는 방식을 사람들에게 자세히 설명했지요. 계산을 하기 위해서는 어떤 카드를 사용해야 하는지도 설명했어요. 우리는 이것을 최초의 컴퓨터 프로그램이라고 생각하고 에이다를 최초의 컴퓨터 프로그래머라고 해요.

 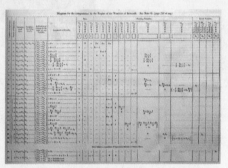

▲ 에이다 러브레이스(왼쪽)가 작성한 차분기관을 이용한 베르누이 수 계산
설명서(오른쪽)

컴퓨터가 알아듣는 말, 컴퓨터 언어

1) 기계어

컴퓨터에게 지시하는 가장 확실한 방법은 0과 1을 사용하는 것이다. 1+2를 계산하도록 컴퓨터에 지시한다고 해 보자. 십진수 1을 이진수로 나타내면 0001, 2는 0010이다. 더하기는 어떻게 할까? 더하기를 의미하

는 이진수는 컴퓨터마다 다르게 정해져 있다. 우리가 사용하는 컴퓨터에는 더하기가 1111로 정해져 있다고 하자. 즉, 이 컴퓨터는 1111이라는 신호가 들어오면 두 숫자를 더하는 것이다. 그럼 1+2는 0001 1111 0010로 표시할 수 있다. 컴퓨터는 이렇게 만든 프로그램을 바로 이해하고 지시대로 계산한다. 0과 1만을 사용해서 컴퓨터가 바로 이해할 수 있는 컴퓨터 언어를 '기계어'라고 한다. 기계가 알아듣는 언어라는 뜻이다.

하지만 기계어는 사람이 사용하기 불편했다. 사람은 기계와 달리 "1001 1111 1011 1110 1111 0100 0101 1100…."처럼 길게 이어지는 0과 1을 보고 무슨 뜻인지 바로 알기 힘들다. 이해하기 힘든 만큼 프로그램을 만들기도 힘들었다. 게다가 기계어는 컴퓨터를 만드는 회사마다 달랐다. 어떤 컴퓨터에서는 1111이 '더하기'를 뜻했지만 또 다른 컴퓨터에서는 1111이 '빼기'가 될 수도 있었다.

사람들에게는 기계어보다 쉽게 이해할 수 있고 더욱 편리하게 프로그램을 만들 수 있는 컴퓨터 언어가 필요했다. 평상시 사용하는 언어로 컴퓨터에게 지시할 수 있다면 가장 쉬울 것이다. 그래서 컴퓨터 언어는 점차 사람들이 일상에서 사용하는 말과 비슷해졌다.

▲ 0과 1로만 프로그램을 만든다면?

2) 어셈블리어

컴퓨터에 쉽게 지시하기 위해서 0과 1로 이루어진 기계어를 우리가 사용하는 단어와 유사한 언어로 정했다. 예를 들어 1111이 더하기라는 의미라면 이를 'ADD'라고 했다. ADD는 더하기를 의미하는 영단어이다. 1100이 빼기를 의미한다면 SUB(subtraction), 0011이 움직이기를 뜻한다면 MOV(move) 같은 용어로 정하는 식이다.

사전을 떠올려 보자. 영어 사전을 보면 각 영어 단어에 대응하는 우리말 단어가 있다. 마찬가지로 기계어에 대응하는 단어 사전을 만들었다고 생각하면 된다. 이렇게 컴퓨터마다 기계어와 대응하는 용어들이 정해져 있다. 프로그램을 만들 때는 어려운 기계어 대신 정해진 용어를 사용하면 된다. 이처럼 0과 1로 이루어진 기계어에 대응하는 단어를 지정한 것을 '어셈블리어'라고 한다.

하지만 컴퓨터는 기계어만 이해하기 때문에 어셈블리어로 만든 프로그램을 바로 이해하지 못한다. 영어를 모르는 사람에게 영어로 이야기하면 알아듣지 못하는 것과 같다. 이럴 때는 통역이 필요하다. 어셈블리어도 기계어로 통역하는 단계가 필요하다. 사람이 어셈블리어로 명령을 하면 자동 번역기가 기계어로 바꿔서 컴퓨터에게 전달한다. 이 자동 번역기는 '어셈블러'라고 부른다.

그런데 어셈블리어도 문제가 있었다. 우선 기계어보다는 우리가 사용하는 언어와 비슷해졌지만 여전히 암호 같았다. 읽고 바로 이해하기

에는 어려웠다. 그리고 컴퓨터마다 기계
어가 달랐기 때문에 기계어에 대응하는
어셈블리어도 컴퓨터마다 달랐다. 그래
서 하나의 컴퓨터에서 실행되는 명령을
다른 컴퓨터에서 실행하려면 그때마다
컴퓨터에 맞춰서 프로그램을 수정해야
했다.

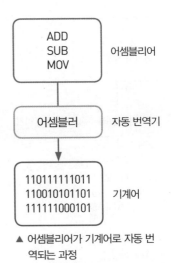

▲ 어셈블리어가 기계어로 자동 번역되는 과정

3) 고급 언어

그래서 일반적으로 사용하는 언어와 유사하면서, 앞서 개발된 컴퓨터 언어의 단점을 보완한, 여러 컴퓨터에서 두루 사용할 수 있는 '고급 언어'가 만들어졌다. 고급 언어에서는 'if, for, case' 같은 영어 단어와 '=, +, − , x'와 같은 수학 기호를 사용한다. 사람들은 고급 언어를 쉽게 읽고, 이해하며 보다 쉽게 프로그램을 만들었다.

그러나 사람이 이해하기 쉽다는 것은 반대로 기계가 이해하기 더 어려워졌다는 말이기도 하다. 그래서 더 좋은 자동 번역기가 필요해졌다. 고급 언어에서 사용하는 자동 번역기를 '컴파일러'라고 부른다. 컴파일러는 어셈블러처럼 사람이 만든 프로그램을 기계어로 번역해서 컴퓨터가 이해할 수 있도록 한다.

지금은 대부분 프로그래밍을 할 때 고급 언어를 사용한다. 그중에서

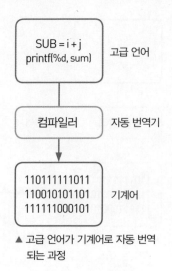

SUB = i + j
printf(%d, sum)　고급 언어

컴파일러　자동 번역기

110111111011
110010101101
111111000101　기계어

▲ 고급 언어가 기계어로 자동 번역
되는 과정

도 대표적인 것으로 데니스 리치가 만
든 'C'라는 컴퓨터 언어가 있다.

데니스 리치, 유닉스와 C 언어

데니스 리치는 1941년 미국 뉴욕에
서 태어났다. 아버지도 유명한 과학자
였으며 벨 연구소에서 일했다. 벨 연구
소는 쇼클리가 최초의 트랜지스터를 발명했던 바로 그곳이다.

데니스 리치는 하버드 대학교에 입학해서 물리학과 응용 수학을 전
공했다. 그는 대학교에 다니면서 처음으로 컴퓨터를 접했고 프로그래
밍에 푹 빠졌다. 그는 1967년에 자신의 아버지도 다니고 있던 벨 연구
소에 들어갔다.

데니스 리치는 벨 연구소에서 켄 톰슨을 만나 함께 컴퓨터 운영체제
를 연구했다. 운영체제란 컴퓨터의 자원을 효율적으로 관리하고 프로
그램을 쉽게 만들 수 있도록 하는 소프트웨어다. 지금은 윈도우와 맥OS
가 가장 대표적인 운영체제다. 당시 벨 연구소에서는 여러 사람이 함께
컴퓨터를 이용하는 것을 돕는 '멀틱스'라는 운영체제를 개발하고 있었
다. 하지만 멀틱스는 상업적으로 성공하지 못했다.

▲ 운영체제 중 윈도우(왼쪽)와 맥OS(오른쪽)

켄 톰슨은 〈스페이스 워〉라는 게임을 만들었는데, 사람들이 많이 사용하지 않는 오래된 컴퓨터에서도 이 게임이 잘 실행되도록 만들고자 했다. 켄 톰슨은 멀틱스를 만들 때 사용했던 기술을 개선하고, 기능을 추가해서 결국 새로운 운영체제를 만들어냈다. 이 운영체제는 '유닉스' 라는 이름을 얻었고, 이후 벨 연구소의 모든 컴퓨터는 유닉스 운영체제를 사용하기 시작했다.

여러 컴퓨터에서 유닉스를 사용하게 되자 문제점이 드러났다. 유닉스는 어셈블리어로 만들었기 때문에 새로운 컴퓨터에 적용할 때마다 그 컴퓨터에 맞도록 프로그램을 수정해야 했다.

그래서 데니스 리치는 여러 컴퓨터에 두루 사용할 수 있는 컴퓨터 언어를 새로 만들었고, 'C'라는 이름을 붙였다. 왜 C라는 이름을 붙였을까? 켄 톰슨이 만들어서 사용하고 있던 컴퓨터 언어의 이름이 'B'였으며, 이 B 언어를 더 발전시킨 것이 바로 C 언어였다.

데니스 리치와 켄 톰슨은 C 언어를 이용해서 유닉스를 다시 만들었

운영체제란 무엇일까요?

민호는 거의 모든 컴퓨터 프로그램이 키보드, 마우스, 모니터, 프린터를 사용한다는 사실을 깨달았어요. 그래서 민호는 해당 기기들을 사용할 수 있는 프로그램을 따로 만들었어요.

지훈이는 컴퓨터로 글을 쓸 수 있는 프로그램을 만들려고 해요. 키보드로 글자를 입력하면 모니터에 글이 나오고, 이 내용을 프린터로 인쇄하는 프로그램이지요.

서연이는 그림을 그릴 수 있는 프로그램을 만들려고 해요. 마우스로 그림을 그리면 모니터에 그림이 나오고, 이 그림을 프린터로 인쇄할 수 있는 프로그램이에요.

지훈이와 서연이의 프로그램은 키보드, 마우스, 모니터, 프린터를 사용해요. 두 사람은 민호가 만든 프로그램을 이용해서 글을 쓰고, 그림을 그리는 프로그램을 쉽게 만들 수 있었답니다.

이렇게 여러 프로그램에서 모두 사용하는 것들을 모아 다른 프로그램에서 쉽게 쓸 수 있도록 만든 것이 '운영체제'예요. 영어 이름을 줄여서 OS(Operating System)라고도 합니다. 운영체제는 컴퓨터가 일하는 순서를 정해주기도 해요. 여러 사람이 하나의 컴퓨터를 이용하거나 컴퓨터 한 대가 동시에 여러 가지 일을 원활하게 하는 것을 도와주는 거예요.

다. 그리고 유닉스를 만들 때 사용한 여러 가지 프로그램을 사람들에게 공개했으며, 유닉스에서 어떻게 프로그램을 만들 수 있는지 잘 정리한 설명서까지 배포해서 모두가 이용할 수 있도록 했다.

유닉스와 C 언어는 사람들에게 널리 퍼져나갔다. 많은 사람이 C 언어를 이용해서 다양한 프로그램을 만들어 사용했다. 고급 언어인 C는 사람들이 이해하고 프로그램을 만드는 데 사용하기 쉬웠고 여러 컴퓨터에 적용하기도 편했다.

1978년에 데니스 리치는 동료인 브라이언 커니핸과 함께 『C 언어 프로그래밍』이라는 책을 썼다. C 언어를 사용하는 방법을 자세히 설명한 이 책은 컴퓨터 프로그래밍을 하는 사람들의 교과서로 널리 알려졌다. 혹시 프로그래밍을 배울 때 "Hello World!"라는 글이 화면에 나오는 프로그램을 만들어 본 적이 있는가? 이것이 바로 『C 언어 프로그래밍』 책 가장 처음에 등장하는 내용으로, 전 세계에서 가장 유명한 프로그램이다.

켄 톰슨 Kenneth Lane Thompson (1934~)

켄 톰슨은 미국의 컴퓨터 과학자입니다. 어려서부터 논리학과 수학을 좋아했어요. 벨 연구소에서 유닉스라는 운영체제를 만들었고, 그 이후에도 데니스 리치와 함께 새로운 운영체제를 만드는 일에 힘을 기울였어요. 2006년부터는 구글에서 컴퓨터 과학 연구를 이어가고 있어요.
1983년에는 데니스 리치와 함께 튜링상을 받았고, 1998년에는 기술혁신 메달을 받았을 정도로 많은 업적을 이뤘답니다.

유닉스와 C 언어 이후

데니스 리치와 켄 톰슨은 유닉스 외에도 새로운 운영체제를 만들기 위해 노력했다. 하지만 이후 개발한 플랜Plan 9(1995)과 인페르노Inferno(1996)

▲ 『C 언어 프로그래밍』

는 유닉스만큼 성공하지 못했다.

데니스 리치는 켄 톰슨과 함께 1983년에 튜링상을 받았고, 1998년에는 미국 대통령에게서 기술혁신 메달을 받았다. 데니스 리치는 벨 연구소에서 컴퓨터 소프트웨어 개발 연구를 이어가다가 2007년 은퇴했다.

데니스 리치와 켄 톰슨은 자신들이 만든 프로그램을 아무런 대가도 받지 않고 다른 사람들이 사용할 수 있도록 했다. 이들은 유닉스가 널리 쓰이며 새로운 프로그램을 만드는 데 도움이 되기를 바랐다. 많은 사람들이 두 사람의 정신을 이어받아 유닉스를 발전시켰다. 지금의 휴대폰, 게임기 등에서 사용되는 운영체제도 유닉스에서 발전한 것이다. 이런 이유로 유닉스는 운영체제의 역사에서 '가장 중요한 운영체제'라고 평가 받는다.

데니스 리치는 2011년 10월 12일 세상을 떠났다. 안타깝게도 집에서 홀로 숨진 채 발견되었다. 우연히도 스티브 잡스가 세상을 떠난 지 일주일 후였다. 전 세계가 스티브 잡스의 죽음을 애도한 것에 비해 데니스 리치를 추억하는 사람은 그리 많지 않았다. 워낙 조용한 삶을 살았고, 자신을 드러내는 것을 싫어했던 데니스 리치는 그의 업적에 비해 대중에게 많이 알려지지 않았기 때문이다.

데니스 리치는 유닉스와 C 언어를 만든 것 이상으로 컴퓨터와 IT 역사에 큰 공헌을 했다. 자신이 만든 것을 모두가 공평하게 사용할 수 있도록 공개했다는 점이 가장 놀라운 업적이다. 지금도 C 언어를 이용해서 수많은 프로그램이 만들어지고 있다. 비록 데니스 리치는 세상을 떠났지만 그의 유산으로 세상은 앞으로도 계속 발전해 나갈 것이다.

빈트 서프

Vint Cerf (1943~)

컴퓨터가 통신하는 약속, TCP/IP를 만들다

여러분은 얼마나 자주 인터넷을 사용하는가? 아마 매일 사용하고 있을 것이다. 친구한테 메시지를 보내기도 하고, 재미있는 영상도 보고, 직접 그린 그림 파일을 인터넷 게시판에 올리기도 하고, 검색을 해서 필요한 정보를 찾아보기도 할 것이다. 요즘은 게임도 인터넷을 이용해 친구와 함께한다. 우리는 컴퓨터나 스마트폰을 인터넷에 연결해서 하고 싶은 여러 종류의 일을 편리하게 할 수 있다. 이토록 놀라운 세상을 열어준 인터넷은 어떻게 시작되었을까? 그리고 어떻게 오늘날 우리가 사용하는 모습으로 발전하게 되었을까?

통신의 발전

　사람들은 서로 만나서 대화를 나눈다. 단 두 명이 이야기하기도 하고, 여럿이 모여 한꺼번에 떠들기도 한다. 사람들은 대화를 하면서 자기의 생각이나 느낌을 상대방에게 전달하고, 다른 사람의 이야기를 듣고 그 사람의 생각이나 상태를 알게 된다. 말뿐만 아니라 표정이나 몸짓으로 자기 생각을 전달하기도 하고, 글로 써서 전하기도 한다. 이렇게 뜻을 전하고 받는 것을 '통신' 혹은 '소통'이라고 한다. '커뮤니케이션'이란 말을 쓰기도 한다.

서로 얼굴을 마주하고 있거나, 말소리가 들릴 만큼 가까운 거리에 있으면 의사소통을 하는 데 어려움이 없다. 하지만 모습도 보이지 않고 소리도 들리지 않을 정도로 멀리 떨어져 있으면 의사소통을 하기 위해서 특별한 도구가 필요하다.

사람들은 아주 오랜 옛날부터 여러 가지 방법으로 의사소통을 했다. 가장 오래된 의사소통 수단 중 하나는 '봉화'다. 봉화는 높은 산꼭대기에 불을 피울 수 있게 나무를 쌓아 두고 나라에 큰일이 생기면 불을 붙여 연락하는 방법이다. 평상시에는 불을 하나만 피우다가 외적이 침범하면 여러 개의 불을 붙여 그다음 산봉우리에 있는 봉화대에 연락을 취했다. 이 봉화대는 또 다른 봉화대로 연락하고. 이렇게 연결된 봉화 신호로 먼 곳에 있는 사람들에게 위급 상황을 전달했다.

또 길 중간마다 '역참'이라는 장소를 마련해 두고 중요한 소

▲ 봉화대

식을 릴레이로 전하기도 했다. 역참에는 여러 마리의 말이 대기하고 있었다. 중요한 소식을 전하는 사람은 말을 타고 가다가 말이 지치면 역참에서 다른 말로 바꿔 탔다. 그래서 먼 거리를 가능한 한 빨리 이동해서 소식을 전할 수 있었다.

기술이 발전하고 여러 발명품들이 등장하면서 새로운 통신 방법이 생겨났다. 특히 사람들이 '전기'를 이용할 수 있게 된 후로는 전깃줄을 길게 연결하여 신호를 주고받을 수 있었고, 교통이 발달하면서 편지를 보내고 받는 일도 쉬워졌다.

원거리 의사소통에 가장 큰 영향을 끼친 발명품은 역시 '전화기'이다. 전화기는 멀리 떨어진 사람도 마치 바로 앞에 있는 것처럼 이야기를 나눌 수 있게 해 주었다. 처음에는 선으로 연결된 유선 전화기로만 통화를 할 수 있었지만 이제는 휴대 전화를 사용해 이동하면서도 통화를 할 수 있다. 이처럼 사람과 사람이 서로 의사소통을 하는 방식은 시대가 지나면서 기술의 발전에 따라 크게 변화해 왔다.

1860년대 이후 컴퓨터가 점점 널리 보급되자 사람들은 컴퓨터로 소통하고 싶어했다. 예를 들어 철수는 자기가 사용하는 A 컴퓨터로 어려운 계산을 했고 영희는 철수의 계산 결과를 받아 자신의 B 컴퓨터를 이용해 또 다른 문제를 풀려고 한다고 해 보자.

철수가 영희에게 자신의 계산 결과를 알려주기 위해서는 직접 만나서 이야기하거나 편지를 보내거나 전화를 거는 방법이 있다. 하지만 이런 방법은 불편하다. 그래서 사람들은 컴퓨터끼리 연결해서 직접 필요한 것을 보내고 받을 수 있는 방법을 고민하게 되었다. 컴퓨터끼리 연결되어 필요로 하는 것을 바로 보내고 받을 수 있다면 틀림없이 편리할 것 같았다.

그렇다면 컴퓨터들 사이는 어떻게 연결되며 어떻게 서로 필요한 것을 보내고 받을 수 있을까?

통신하는 방법, 서킷과 패킷

철수와 영희의 컴퓨터가 직접 연결되어 있다면 필요한 정보를 주고받는 데 문제가 없다. 보내고자 하는 정보를 0101과 같이 컴퓨터가 이해하는 신호로 바꿔서 연결된 선을 따라 보내면 된다.

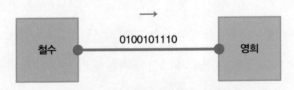

▲ 철수와 영희의 컴퓨터가 직접 연결되었을 때의 통신 상태

그런데 철수가 다른 친구인 진수와 학교 선생님과도 연락하고 싶다면 어떻게 해야 할까? 아래의 그림처럼 연결 중간에 장치를 설치해서 영희하고 통신할 때는 영희와 연결하고, 선생님과 통신할 때는 선생님과 연결하면 된다.

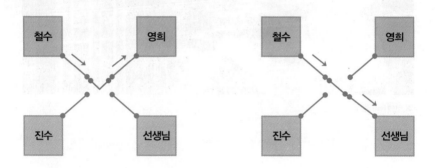

▲ 중간에서 연결 대상을 바꿔 준다. 영희와 연결(왼쪽), 선생님과 연결(오른쪽)

이렇게 중간에서 어떤 장치가 연결하는 대상을 바꿔주는 방식을 '서킷'이라고 한다. 전화에 사용되는 방식이기도 하다. 전화기가 처음 발명되었을 때는 중간에서 사람이 직접 전화를 건 사람과 받는 사람을 연결해 줬다. 이 일을 하는 사람을 '교환수'라고 불렀다. 지금은 기계가 자동으로 연결해 준다.

서킷 방식으로는 한 번에 하나의 연결만 가능했고, 기존 연결이 끊어져야만 다른 사람과 연결할 수 있었다. 철수가 영희와 연결되어 있다면 진수나 선생님은 철수나 영희와 통신할 수 없다. 전화를 걸었는데 통화

▲ 전화 교환수

중인 경우가 바로 이런 경우다. 또 연결하는 선이 중간에 끊어졌다면 절대 통신할 수 없다.

철수와 영희가 통신하면서도 선생님과도 통신할 수 있고, 혹시 선이 끊어지더라도 다른 방법으로 통신할 수 있다면 더 좋을 것이다. 특히 군대에서는 통신의 중요성이 크다. 만일 전쟁이 일어난다면 적군의 폭격으로 인해 통신을 위해 연결해 두었던 선이 끊어질 수 있다. 선이 끊어져서 군대와 연락이 안 되면 큰일이다. 어디에 적이 나타났는지, 어디로 움직여서 어디를 공격해야 하는지 알릴 수 없기 때문이다.

이 문제를 해결하기 위해 고안한 방법이 '패킷'을 이용하는 것이다. 보내고자 하는 내용을 작은 크기로 일정하게 자른 것을 '패킷'이라고 한다.

우선 보내고자 하는 내용을 조각낸다. 그리고 보내는 사람과 받는 사람 사이에 여러 개의 연결을 만든다. 그다음 조각낸 내용을 여러 갈래로 연결된 길로 나누어 보낸다.

연결된 길이 많으면 어떤 점이 좋을까? 만약 서울에서 부산으로 가는 방법이 차를 타고 고속도로 가는 것 하나뿐이라면 자연재해로 길이 끊어지거나 교통사고 등으로 차가 막힐 때 빨리 갈 방법이 없다. 하지만 서울에서 부산까지는 기차를 타고 갈 수도 있고, 비행기를 이용할 수도 있고, 인천의 항구로 가서 배를 탈 수도 있기 때문에 고속도로 이용이 어려워도 부산에 갈 수 있다. 마찬가지로 많은 길을 통해 연결되어 있다면 그 중 하나가 끊어져도 연락할 수 있다.

정보를 작은 조각으로 나누어 보내면 어떤 점이 좋을까? 정보를 나누어 여러 길로 보내면 중간에 길이 끊어져 일부 내용이 도착하지 못하더라도 도착한 내용만으로도 어느 정도 의사전달이 가능하고, 나중에 빠진 부분만 다시 보내면 전부를 받을 수 있다.

서울에서 재미있는 책을 구해서 부산에 사는 친구에게 한 권 보낸다고 해 보자. 이 책을 세 부분으로 나누어서 첫 번째는 고속도로로, 두 번째는 비행기로, 세 번째는 기차로 보냈다. 부산에서 책을 기다리고 있는 친구는 세 부분을 다 받은 후에 순서대로 읽으면 된다. 그런데 갑작스러운 태풍 때문에 비행기가 이륙하지 못해서 첫 번째와 세 번째는 도착했지만, 중간 부분이 도착하지 못했다고 하자. 친구가 내게 전화를 걸어 첫 번째와 세 번째 부분만 도착했다고 알려주면 나는 다시 중간 부분만 보내주면 된다. 친구는 그 사이에 책의 첫 부분을 읽을 수도 있다. 물론 모든 정보를 한꺼번에 받는 것보다 시간은 조금 더 걸리겠지만 안전하게 전달할 수 있다.

컴퓨터 연결에서 패킷 통신

컴퓨터와 컴퓨터를 연결할 때 패킷이 어떻게 적용되는지 알아보자. 다음 그림에서 철수는 영희에게 메시지를 보내는데, 그 메시지를 셋으로 나누었다. 즉 '패킷'으로 만든 것이다. 그림에는 세 개로 나뉜 메시지를 각각 초록, 보라, 빨강 사각형으로 나타내고 있다. ②와 ③처럼 각각의 조각(패킷)은 서로 다른 길로 간다. 초록은 제일 위쪽 길로 가고, 보라는 가운데로 내려갔다가 올라오고, 빨강은 아래쪽 길로 간다. 조각들은 ⑤처럼 영희에게 모두 모인다. 그런데 서로 다른 길로 오기 때문에 반드시 기존 순서대로 도달하지는 않는다. 철수는 빨강, 보라, 초록 순서로 보냈지만 초록, 보라, 빨강 순서로 도착했다. 만약 이렇게 도착한 순서가 처음과 다르게 섞인다면, 영희의 컴퓨터는 모든 정보를 받은 후 원래 순서대로 다시 배열한다. 그렇게 영희는 철수가 보낸 전체 메시지를 알 수 있다.

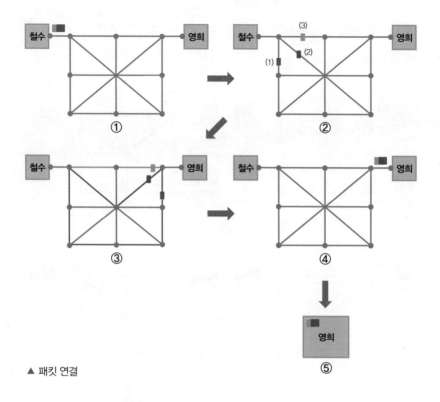

▲ 패킷 연결

영희의 컴퓨터는 조각을 받은 뒤 철수의 컴퓨터에게 잘 받았다는 확인 신호를 보낸다. 만일 길이 끊어져서 초록 조각이 도착을 못 했다면, 초록을 잘 받았다는 확인 신호 역시 보낼 수 없다. 철수의 컴퓨터는 영희의 컴퓨터에게서 받은 확인 신호를 보고, 초록을 받았다는 신호가 없으면 초록만 다시 보낸다.

서킷 방식으로 연결했을 때는 철수와 영희가 연결되었을 때 다른 사람들은 두 사람과 통신하지 못했다. 하지만 패킷 통신으로는 동시에 여러 사람과 연락할 수 있다. 철수와 진수가 영희에게 동시에 메시지를 보내는 상황이라고 생각해 보자.

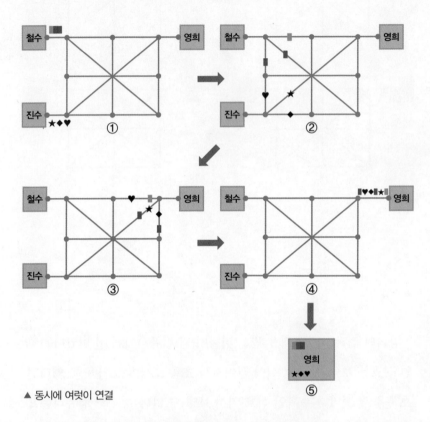

▲ 동시에 여럿이 연결

진수도 보내고 싶은 메시지를 패킷으로 잘라서 여러 길로 보냈다. 철수가 보낸 패킷과 진수가 보낸 패킷이 동시에 여러 길을 따라 영희에게 전해졌다. 만일 두 개의 패킷이 같은 길에서 만나 길이 막히면 둘 중 하나가 잠시 기다려서 다른 패킷을 먼저 보내고 뒤따라간다. 하나의 길에서 두 대의 차가 만나면 한 대가 잠시 멈춰 서서 양보하고, 다른 한 대가 먼저 지나가는 것과 같다.

진수가 보내는 메시지의 패킷은 하트, 다이아몬드, 별로 표시했다. 철수와 진수가 보낸 패킷들은 모두 영희에게 전달된다. 영희의 컴퓨터는 이 패킷들을 처음과 같은 올바른 순서로 다시 배열해서 영희가 볼 수 있게 해 준다. 이렇게 패킷 방식을 이용하면 영희는 동시에 두 사람의 메시지를 받을 수 있다.

이처럼 패킷 방식은 정보를 안전하게 전달할 뿐만 아니라 여러 사람이 원하는 것을 동시에 주고받을 수 있게 해 준다.

그런데 패킷에는 보내고자 하는 내용 말고 다른 정보가 더 필요하다. 우선 내용이 어디로 전달되는지가 꼭 필요하다. 편지를 보낼 때 받는 사람의 이름과 주소가 정확해야 우편이 제대로 배달되는 것처럼 철수와 진수가 보낸 패킷에는 받는 사람이 '영희'라는 정보가 분명히 있어야 한다. 또한 각각의 패킷에는 '몇 번째 조각'인지 알려주는 정보가 있어야 한다. 그래야 받는 사람의 컴퓨터가 뒤죽박죽 섞여 도착한 패킷을 원래 순서대로 다시 배열할 수 있다. 이런 정보를 데이터의 앞부분에 기록하고, '헤더'라고 한다.

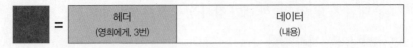

▲ 패킷의 구조

그림에서 볼 수 있듯이 철수가 보낸 빨간 사각형 패킷은 헤더와 데이터로 이루어져 있다. 헤더에는 받는 사람의 정보와 이 조각이 몇 번째인지의 정보가 담겨 있으며, 데이터에는 철수가 보내고자 하는 메시지의 내용이 담겨 있다.

정보를 주고받는 데 패킷 방식을 도입한 사람은 미국의 폴 바란과 영국의 도널드 데이비스이다. 두 사람은 같은 것을 개발했지만 서로 아는 사이도 아니었다. 그저 각자 흥미를 갖고 연구와 발명을 했는데, 만들고 보니 같은 것이었다. 패킷 전송 방식은 인터넷 탄생의 중요한 기반이 되었다.

인터넷의 탄생과 프로토콜

1957년 미국의 경쟁국이었던 소련(지금의 러시아)이 세계 최초의 인공위성인 스푸트니크 1호를 발사했다. 당시 미국과 소련은 서로 대립하고 있었다. 미국은 소련이 자신들보다 먼저 인공위성을 쏘아 올린 것에 깜짝 놀라서 과학과 기술 연구에 보다 많은 지원을 했다. 미국 국방성

(우리나라의 국방부와 같다)은 국방, 군대, 무기와 관련된 과학과 기술 연구를 위해 고등 연구 계획국을 만들어 연구에 매진했다. 이곳에는 미국 전역의 학교, 연구소, 회사들이 참가했다.

▲ 스푸트니크 1호

고등 연구 계획국에 속한 사람들이 함께 같은 공간에 모여서 일을 한 것은 아니었다. 사람들은 같은 연구를 진행했지만 저마다 자신이 속한 학교, 연구소, 회사에서 일했다. 멀리 떨어져 있기 때문에 서로의 연구 내용을 공유하기 위해서 컴퓨터와 컴퓨터를 연결해서 빠르고 쉽게 정보를 주고받는 것이 매우 중요했다.

연구팀은 패킷 연결 아이디어를 도입해서 컴퓨터끼리 소통할 수 있도록 했다. 같은 장소에 있는 컴퓨터끼리 연결하는 '인터페이스 메시징 프로세서'라는 전용 컴퓨터를 멀리 떨어진 위치에 있는 다른 '인터페이스 메시징 컴퓨터'와 연결해서 서로 통신하게 한 것이다. 이것을 고등 연구 계획국(영어 약자로 ARPA, 아파)에서 사용하는 네트워크라는 의미로 '아파넷ARPAnet'이라고 불렀다.

1969년 아파넷은 미국의 UCLA대학교, UC산타바바라 대학교, 스탠포드 연구소, 유타 대학교 네 군데를 연결하는 데 성공했다. 이것이 바로 '인터넷의 탄생'이다. 아파넷의 원리를 바탕으로 더 많은 컴퓨터가 연결되기 시작했고, 연결된 컴퓨터는 점점 늘어나 오늘날 우리가 이용

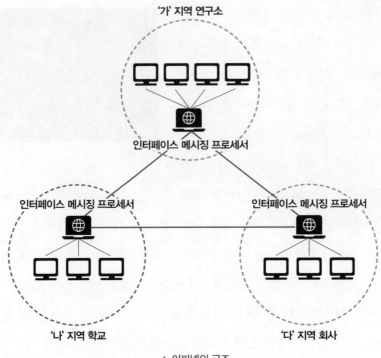

'가' 지역 연구소

인터페이스 메시징 프로세서

인터페이스 메시징 프로세서

인터페이스 메시징 프로세서

'나' 지역 학교

'다' 지역 회사

▲ 아파넷의 구조

하는 인터넷이 되었다.

컴퓨터와 컴퓨터를 연결하는 것이 쉬운 일은 아니었다. 당시 컴퓨터는 만든 회사에 따라 동작하는 방식이 달랐다. 어떤 사람이 A 회사에서 만든 컴퓨터를 이용하고 다른 사람은 B 회사에서 만든 컴퓨터를 이용한다고 하면, A 컴퓨터와 B 컴퓨터는 연결해도 서로 통신할 수 없었다.

외국인을 만났을 때 서로 사용하는 언어를 모른다면 중간에 '통역'을 해 주는 사람이 필요하다. A 컴퓨터와 B 컴퓨터가 다르게 동작하는 것은 서로 다른 언어를 사용하는 것에 비유할 수 있다. 그렇기 때문에 A 컴퓨터와 B 컴퓨터 사이에는 통역이 필요하다. 그런데 A, B뿐 아니라 C 컴퓨터도 연결되어야 한다면 어떻게 될까? A-B 사이 통역은 물론이고 A-C, B-C 사이에도 통역이 필요하게 된다. 연결된 컴퓨터의 종류가 늘어날수록 통역의 종류도 점점 더 많아진다.

필요한 통역이 많아진다는 문제를 해결하기 위해서는 어떻게 해야할까? 한 가지 언어를 기준으로 정하고, 기준이 된 언어를 사용해 서로 의사를 전달하면 된다. 여러 나라가 모인 국제회의에서 영어를 사용하는 것과 마찬가지다. 하나의 기준 언어가 있다면 자신이 사용하는 언어와 기준 언어 사이의 통역만 있으면 된다.

국제회의에서 정해진 한 가지 언어로 이야기해서 필요한 통역의 수가 줄어드는 것처럼, 컴퓨터끼리 메시지를 보내고 받을 때도 모두가 지켜야 하는 하나의 기준, 약속을 만들면 어떨까? 컴퓨터들이 정해진 기준을 따른다면 누구와도 문제없이 메시지를 보내고 받을 수 있게 된다. A 컴퓨터와 B 컴퓨터의 연결에 C, D, E, F… 컴퓨터들이 추가되어도 바로 메시지를 주고받을 수 있는 것이다. 이 약속을 '프로토콜'이라고 한다.

빈트 서프는 지금 우리가 인터넷에서 사용하는 여러 약속, 즉 프로토콜 중에서 아주 중요한 것을 만들었다.

프로토콜

프로토콜이 처음부터 컴퓨터 용어는 아니었어요. 원래는 나라와 나라 간의 외교 관계에서 서로 약속을 정해 놓은 것을 '프로토콜'이라고 불렀습니다. 우리말로는 '의정서'라고 하지요. 또한 나라와 나라 간에 예의를 지키기 위한 약속도 프로토콜이라고 해요. 우리나라 대통령이 외국을 방문하거나, 외국의 귀한 손님이 우리나라를 찾아오면 환영 행사를 해요. 비행기에서 내릴 때 손님을 어떻게, 누가 맞이하는지부터 회의를 할 때 회의실에 들어가는 순서, 인사하는 순서, 떠날 때 배웅하는 방법 등을 나라 간에 미리 약속으로 정하고 그 절차대로 합니다. 이때 약속을 따르지 않고 갑작스럽게 변경하면 큰 혼란이 생기겠죠? 일이 잘 이루어지게 서로 정한 약속, 이것이 바로 프로토콜입니다.

빈트 서프와 티씨피/아이피(TCP/IP) 프로토콜

1943년 미국 코네티컷주에서 태어난 빈트 서프는 어려서부터 컴퓨터와 과학에 관심이 많았다. 고등학생 때는 달 착륙 로켓인 아폴로 우주선의 엔진을 테스트하는 데 필요한 프로그램 제작을 돕기도 했다. 빈트 서프는 스탠포드 대학에서 수학을 공부했고, 대학 졸업 후에는 IBM에 잠시 일하다가 UCLA에서 1972년 박사학위를 받았다. 1972년부터 1976년까지 4년 동안은 스탠포드 대학교의 조교수로 일하면서 고등기획국에서 컴퓨터끼리 연결하는 방식을 연구했다. 이때 로버트 칸이라는 동료를 만나 함께 '티씨피/아이피TCP/IP 프로토콜'을 만들게 되었다.

티씨피TCP는 전송Transmission 제어Control 프로토콜Protocol의 약자다. 컴퓨터가 보내는 것(전송)을 잘 조절하기 위한(제어) 정해진 약속(프로토콜)이라는 말이다. 이 프로토콜은 정보의 안전한 전송을 위한 것이다. 우선 주고받는 컴퓨터가 통신할 수 있는 상태인지, 얼마나 많은 양의 정보를 보내고 받을 수 있을지 알아본 다음 정보가 조각난 순서대로 잘 전달되고 있는지, 빠진 부분은 없는지, 혹시 전달된 메시지나 정보가 도중에 손상되지는 않았는지 등을 확인한다.

아이피IP는 인터넷Internet 프로토콜Protocol의 약자인데 누구에게 보내는지, 보낼 때 어떤 길로 보내는 것이 좋은지를 정한다. TCP/IP와 관련된 정보는 모두 패킷의 헤더에 기록되어서 전달된다.

보내는 컴퓨터에서는 TCP/IP에서 정한 약속대로 헤더를 만들어 쪼개진 정보에 붙인다. 정보를 전달받는 컴퓨터는 헤더를 읽은 뒤 잘 받았다고 신호를 보내는 등 미리 정해진 약속을 지킨다. 그리고 헤더를 뺀 원래 정보만을 사용한다.

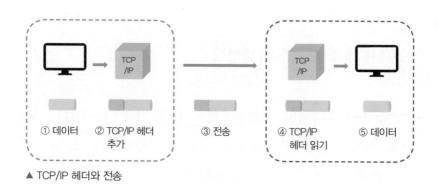

① 데이터　② TCP/IP 헤더 추가　③ 전송　④ TCP/IP 헤더 읽기　⑤ 데이터

▲ TCP/IP 헤더와 전송

TCP는 '안전'하게 '빠짐없이', IP는 '누구'에게 '어떤 길'로 갈지를 정한 약속이다. 빈트 서프와 로버트 칸이 만들어서 아파넷에 적용했다. 지금은 전 세계 인터넷에서 모두 사용하고 있다. 이 약속을 따르는 컴퓨터들은 서로 통신을 잘할 수 있다. 마치 공용어로 회의를 하듯이 말이다.

이처럼 인터넷의 기준이 되는 중요한 약속을 만든 빈트 서프를 '인터넷의 아버지'라고 부른다. 하지만 인터넷은 한 명의 힘으로 만들어진 것이 아니라 수많은 과학자, 기술자들이 노력해서 함께 만들고 발전시켰다는 점을 기억하자.

빈트 서프, 인터넷 발전에 힘쓰다

빈트 서프는 TCP/IP를 개발한 후에도 다양한 연구를 이어갔다. 1982년에는 인터넷에 연결된 세계 최초의 상업용 이메일 서비스를 개발하기도 했다. 인터넷 관련 국제기구에서도 일했는데, 대표적으로 인터넷

소사이어티^{ISOC}라는 국제단체의 대표로 인터넷 보급, 교육, 표준화, 정책 수립 등에 힘썼다.

2005년부터는 구글의 수석 부사장으로 인터넷의 발전과 미래에 관해 연구하고 전 세계에서 강연도 하고 있다. 2010년부터는 유엔 산하 기관에서 전 세계에 인터넷 기술을 보급하는 데 앞장섰다. 2016년에는 미 항공 우주국, 나사^{NASA}와 함께 인공위성에 네트워크를 설치하여 우주 공간에서 인터넷을 연결하는 연구도 했다.

그야말로 인터넷을 만들고 발전시키고 알리는 일에 평생을 바치고 있으니 인터넷의 아버지라는 별명이 딱 들어맞는 사람이다.

빈트 서프는 잘 듣지 못하는 사람들을 위한 대학에서 일하기도 했다. 본인 또한 귀가 좋지 않아서 잘 듣지 못했기 때문에, 같은 어려움을 겪는 사람들을 위한 교육에 봉사하는 따뜻한 마음을 지니고 있었다. 또한 항상 옷을 점잖게 차려입는 멋쟁이로 음식 만들기를 즐긴다고 한다.

2004년에는 TCP/IP를 같이 만든 로버트 칸과 함께 튜링상을 받았다. 80세가 다 되어 가지만 빈트 서프는 지금도 인터넷의 미래와 발전을 위해 활발하게 일하고 있다.

TCP/IP는 점점 더 발전했고 지금도 인터넷의 기본 약속으로 쓰이고 있다. 오늘도 우리는 이 약속을 기반으로 친구들과 메시지를 주고받고 인터넷 검색을 하고, 영상도 보는 것이다.

필립 돈 에스트리지

Philip Donald Estridge (1937~1985)

한 집에 컴퓨터 한 대씩,
PC가 탄생하다

1960년대에 들어서면서 컴퓨터는 급속히 발전했다. 사용하는 용도도 다양해졌다. 처음에는 주로 연구소나 학교에서 복잡한 계산을 위해 사용했지만 점차 통계 조사, 투표 여론조사 및 결과 예측 등으로 쓰임새가 넓어졌다. 회사에서도 보다 다양한 용도로 컴퓨터를 사용하기 시작했다.

그리고 마침내 컴퓨터는 우리가 지금 사용하는 개인용 컴퓨터PC의 형태로까지 발전했다. PC를 널리 보급하는 데 크게 이바지한 사람이 바로 필립 돈 에스트리지다.

돈 에스트리지와 PC의 이야기를 시작하기 전에 먼저 컴퓨터가 어떻게 발전했는지 간단히 알아보자.

트랜지스터 발명 이후 컴퓨터의 크기는 점점 작아졌다. 그러다가 1961년 '미니컴퓨터'가 처음 등장한다. '미니'라고 해도 크기는 안방 장롱만 했다. 그리고 컴퓨터를 사용하는 사람들을 위한 배려도 더해졌다. 단순히 크기가 작고 빠르게 작동하도록 만드는 것뿐 아니라 컴퓨터를 이용하는 사람들이 좀 더 편하게 사용할 수 있도록 만든 것이다.

▲ PDP-1

다음 그림이 최초의 미니컴퓨터인 PDP-1이다.

PDP-1은 요즘 우리가 사용하는 컴퓨터와 제법 비슷하게 보인다. 이 컴퓨터로 최초의 컴퓨터 게임 〈스페이스 워〉를 플레이할 수 있었다. 〈스페이스 워〉는 우주선을 조정하고 미사일을 발사하여 상대편 우주선을 추락시키는 게임이다.

1961년 IBM이라는 회사에서는 IBM 7030이라는 이름의 컴퓨터를 공개했다. 이 컴퓨터는 당시 다른 컴퓨터보다 100배 빠른 컴퓨터를 목표로 만든 '슈퍼컴퓨터'였다. 총 169,100개의 트랜지스터가 사용되었으며 지금까지도 사용되고 있는 기술들이 동원되었다. 계산 속도도 매우 빨라서 1초에 약 100만 개의 명령을 실행했고, 덧셈에는 백만분의 1.5

▲ 스페이스 워 게임 화면

▲ IBM 7030

초, 곱셈에는 백만분의 2.4초가 걸렸다.

1965년에는 PDP-1이 발전한 PDP-8이 나왔다. 당시 다른 컴퓨터에 비해서 가격이 저렴했고, 다양한 일을 할 수 있어서 많이 판매되었다. 차량 트렁크에 넣을 수 있을 만큼 작은 것도 있었다. 크기가 조금만 더 작아지고, 성능이 개선되었으면 개인용 컴퓨터가 될 수도 있었지만 PDP-8을 만든

▲ PDP-8

회사에서는 개인용 컴퓨터를 만드는 데 관심이 없었다.

우리나라의 컴퓨터

IBM에서는 IBM 7030 이후에도 계속 새로운 컴퓨터를 만들었다. IBM에서 만든 컴퓨터는 속도도 빠르고, 잘 작동했기 때문에 전 세계의 많은 나라에서 사용했다.

우리나라에서 처음 공식적으로 사용한 컴퓨터도 IBM에서 만든 것이었다. 1967년 '경제기획원 통계국'이라는 정부 부처에 첫 컴퓨터가 들어왔다. 나라가 필요한 돈이 얼마인지 정하기 위해 여러 통계 자료를 계산하는 것이 목적이었다. 큰 사건이었기 때문에 모든 신문에 크게 실렸다.

당시 들여온 컴퓨터는 IBM 1401이었다.

1960년대 중반부터 80년대 초까지는 IBM 컴퓨터의 전성시대였다. 당시 IBM에서 개발한 컴퓨터들은 주로 '메인 프레임' 컴퓨터라고 불렸는데 아주 비싸고, 크기가 크고, 관리하기 힘들었다. 그래서 큰 회사나 학교, 정부기관이 아니면 사용하기 어려웠다. 메인 프레임 한 대에는 '단말기'라는 장치가 여러 대 연결되어 있어서 많은 사람이 복잡한 일을 할 수 있었다.

1970년대 중반을 지나면서 더 작은 컴퓨터들이 만들어지기 시작했다. 1974년에는 마침내 세계 최초의 가정용 컴퓨터가 만들어졌다. 알테어 8800이란 이름의 이 컴퓨터는 값도 저렴했고 손으로 들고 다닐 수 있을 정도로 크기도 작았다. 사람들은 알테어 8800의 부품을 구매한 다음 직접 조립해서 사용해야 했다. 이미 조립된 것을 구매할 수도 있었지만 가격이 좀 더 비쌌다. 알테어 8800은 큰 성공을 거뒀다. 판매를 시작한 지 1년 만에 5000여 대가 넘게 팔렸다.

알테어 8800의 출시는 우리가 앞으로 만나볼 빌 게이츠와 스티브 잡스에게도 큰 영향을 미쳤다. 알테어 8800을 보고 감명을 받은 스티브 잡스는 1976년 애플 회사를 설립했다. 아이폰과 아이패드로 유명한 그 애플 회사다. 애플은 1977년 '애플Ⅱ'라는 가정용 컴퓨터를 출시해 가정용 컴퓨터 붐을 불러왔다. 스티브 잡스 이야기를 나눌 때 더 자세히 알아보자. 가정용 컴퓨터가 전 세계적으로 확산해 가던 이때, 돈 에스트리지가 등장한다.

IBM International Business Machines Corporation

IBM은 한때 컴퓨터의 대표선수 같은 회사였습니다. '국제 사무기기 회사'라는 이름이지요. 1911년 회사가 처음 만들어졌고, 1924년부터 IBM이는 이름을 사용하기 시작했습니다. 1933년에는 최초의 전동 타자기를 개발했어요. 1960~70년대에는 대형 컴퓨터, '메인 프레임'으로 큰 성공을 거두었지요. 현재 전 세계 170여 개국에 진출해 있고, 직원 수만 해도 40만 명에 이르는 거대한 회사입니다. IBM은 미국에서 가장 많은 특허를 가지고 있는 회사이기도 합니다.

돈 에스트리지, PC의 아버지

필립 돈 에스트리지는 1937년 미국 플로리다에서 태어났다. 아버지는 사진작가였다. 돈 에스트리지는 우리가 지금까지 만나본 사람들처럼 어릴 때부터 남다른 천재성을 발휘하지는 않았다.

돈 에스트리지는 1959년에 플로리다 대학을 졸업하고 미국 육군에서 레이더 시스템 개발과 관련된 일을 시작했다. 1969년 IBM에 들어가서 미니컴퓨터를 개발했지만 처음 맡았던 일이 성공하지 못해 회사에서도 그리 눈에 띄지는 않았다.

그러던 1980년, 돈 에스트리지는 회사로부터 '지금 시장에 나와 있는 컴퓨터보다 값이 싸고, 속도가 빠른 개인용 컴퓨터를 1년 안에 만들어라'는 명령을 받았다. 당시 개인용 컴퓨터 시장은 애플처럼 새로 탄생한 회사들이 주름잡고 있었다.

에스트리지와 그의 팀은 값싼 컴퓨터를 만들기 위해 다른 회사에서 만든 부품들을 모았다. 그전까지 IBM은 컴퓨터를 만들 때 부품 대부분을 자신들이 만들었지만, 에스트리지는 과감하게 '스스로 다 만드는 방식'을 버렸다. 그리고 다른 회사에 IBM의 개인용 컴퓨터에 이용 가능한 기준을 제공했다.

이 기준을 보고 부품 회사들은 자기들이 잘 만들 수 있는 부품을 만들어서 IBM에 주었고, 돈 에스트리지의 팀은 이 부품들을 모아서 IBM PC 5150이라는 신제품을 만들었다. 단 1년 만이었다.

IBM PC 5150은 대성공을 거두었다. 이 개인용 컴퓨터는 다른 컴퓨터보다 값도 쌌고, 무게도 가볍고, 사용하기도 편리했다. IBM은 처음 판매를 시작하며 약 24만 대 정도가 팔릴 것이라고 예상했는데 IBM PC 5150은 1981년부터 1985년까지 4년간 놀랍게도 약 300만대가 팔렸다.

▲ 최초의 가정용 컴퓨터 알테어 8800(왼쪽)과 IBM PC 5150(오른쪽)

　IBM PC는 그 자체로도 큰 성공을 거두었지만, 컴퓨터와 관련된 여러 기술과 산업을 발전시켰다는 점에서 더 의미가 있다. '인텔'과 '마이크로소프트' 같은 회사는 IBM PC를 만드는 데 필요한 부품과 소프트웨어를 공급하면서 세계적인 회사로 성장했다.

　IBM PC를 따라 같은 방식으로 PC를 만드는 회사들이 많이 생겨났고, 전 세계적으로 수억대의 개인용 컴퓨터가 판매되었다. PC라는 이름은 원래 IBM Personal Computer라는 IBM 회사의 컴퓨터 모델명이었는데, 이후 개인용 컴퓨터를 대표하는 이름이 되었다.

　IBM PC가 이처럼 커다란 변화를 가져온 이유는 바로 '개방형 구조'를 택했기 때문이다. 개인용 컴퓨터 한 대를 만들기 위해서는 많은 부품이 필요하다. 이 부품들을 모아서 잘 작동하게 하는 것은 당시 컴퓨터를 만드는 회사만 가지고 있는 특별한 기술이었다. 돈 에스트리지와 그의 동료들은 부품과 부품이 연결될 때 필요한 기준을 만들고 이를 여러 회사에 알려 주었다.

이 기준을 지키면 '갑' 회사에서 만든 부품과 '을' 회사에서 만든 부품을 문제없이 연결할 수 있었다. 이렇게 기준을 공개하고, 그 기준만 지키면 서로 연결될 수 있도록 하는 것을 개방형 구조라고 한다. 그래서 부품 회사는 이 기준에 따라 컴퓨터 부품을 만들었고, 컴퓨터 회사는 그 부품을 구매해서 컴퓨터를 만들었다. 자연스럽게 더 많은 회사가 생겨났고, 컴퓨터도 빠르게 널리 퍼져나갔다. 이 컴퓨터를 'IBM PC 호환용'이라고 하는데, 현재 전 세계 개인용 컴퓨터의 70% 이상을 차지한다.

우리도 전자 부품을 파는 곳에서 필요한 부품을 사서 직접 PC를 만들 수 있다. 컴퓨터 본체에 구매한 부품을 끼워 넣는 식으로 집에서도 PC를 조립하는 것이다.

▲ 조립해서 만드는 PC

서연이는 장난감 자동차를 만드는 특별한 기술을 가지고 있어요. 그런데 장난감 자동차를 만들기 위해서는 여러 가지 부속품이 필요했답니다. 서연이는 장난감 자동차의 설계도를 공개하고, 필요한 부속품을 모두에게 알렸어요.

지훈이는 서연이의 설계도 기준에 맞는 바퀴를 열심히 만들었어요. 아영이는 나사못을 만들었지요. 서연이는 지훈이와 아영이에게서 바퀴와 나사못을 구매해서 장난감 자동차를 만들어 팔았어요. 서연이의 장난감 자동차는 큰 인기를 얻어 아주 많이 팔렸어요. 그래서 서연이뿐만 아니라 장난감 자동차를 만드는 데 필요한 부품을 만드는 지훈이와 아영이도 많은 돈을 벌 수 있었답니다.

현우는 서연이의 설계도를 따라 자신의 장난감 자동차를 만들기 시작했어요. 현우가 만들었다는 자신만의 상표를 붙여서요. 현우가 만든 장난감 자동차도 많은 사람들이 샀답니다.

불의의 사고, 짧은 생애

12명으로 시작했던 에스트리지의 팀은 점점 커져서 10,000명이 넘는 사람이 함께 일하게 되었다. 하지만 불행히도 돈 에스트리지는 1985년, 비행기 사고로 일찍 세상을 떠나고 말았다.

오늘날 누구나 개인용 컴퓨터를 사용할 수 있게 된 것은 돈 에스트리지와 그의 동료들이 개방형 구조를 택해 개발한 IBM PC 덕분이다. 또 지금의 마이크로소프트, 인텔 같은 컴퓨터 분야의 거대 기업들이 성장할 수 있었던 것도 역시 IBM PC 덕분이다. 돈 에스트리지는 컴퓨터라는 '산업 전체'를 발전시켰다.

팀 버너스 리

Tim Berners-Lee (1955~)

**월드와이드웹(WWW),
인터넷으로 세상을 연결하다**

우리는 매일 개인용 컴퓨터나 스마트폰으로 인터넷을 사용한다. 가장 먼저 인터넷 프로그램을 실행하면 아래 그림과 같은 화면이 모니터에 등장한다. 네이버나 구글 같은 검색 사이트, 내가 다니고 있는 학교의 웹 사이트 등 무엇으로 정하느냐에 따라 첫 화면은 각자 다를 수 있다. 이를 홈페이지 혹은 시작 페이지라고 부른다. 우리는 시작 페이지에서 새로운 소식을 자세히 살펴보거나, 필요한 내용을 검색하거나, 원하는 다른 웹 페이지로 이동하는 등 원하는 일을 한다. 이를 '인터넷을 한다', '인터넷에 접속한다'라고 한다.

▲ 인터넷 접속 시 볼 수 있는 첫 화면

하지만 처음부터 이런 방식으로 인터넷을 이용하지는 않았다. 이전에는 하고 싶은 일에 따라 필요한 프로그램을 실행해야 했다. 전자우편을 보내기 위해서는 전자우편 프로그램을 실행하고, 다른 사람의 파일을 가져오기 위해서는 그 목적에 맞는 프로그램을 실행해야 했다.

컴퓨터끼리 연결해서 필요한 일을 할 수는 있었지만 지금에 비하면 사용하기 매우 어렵고 불편했다. 그래서 인터넷은 주로 연구원, 과학자, 은행원, 군인 등 특정한 목적을 가진 전문가들이 이용하는 특별한 것이었다. 그림은 초기 인터넷 연결 화면이다. 척 보기에도 어려워 보인다.

홈페이지에 접속해서 자신이 원하는 일을 할 수 있게 되면서 사람들은 편하게 인터넷을 이용할 수 있게 되었다. 인터넷의 이용이 편해지자 자연스레 인터넷을 이용하는 사람도 늘어났다. 이용하는 사람이 늘어

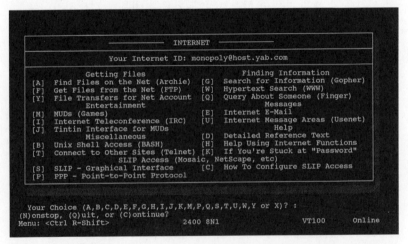

▲ 초기 인터넷 연결 화면

나는 만큼 더 많은 정보가 공유되었고, 인터넷을 이용한 소통도 늘어났다. 지금은 전 세계 인구의 절반이 넘는 약 40억 명이 인터넷을 사용한다. 인터넷을 편하게 사용할 수 있게 된 것은 팀 버너스 리 덕분이다.

팀 버너스 리, 월드와이드웹을 만들다

팀 버너스 리는 1955년 영국 런던에서 태어났다. 아버지인 콘웨이 버너스 리는 수학자이자 공학자였고, 어머니는 수학 선생님이었다. 가족 모두가 수학을 좋아하고, 다 함께 퍼즐 풀이 같은 게임을 즐겼다. 버너스 리는 무언가를 만드는 일도 매우 좋아했다. 특히 철로 모형을 만들기를 좋아했는데, 철로를 바꿔주는 자동 스위치 같은 부품을 만들면서 전기와 전자 부품을 잘 알게 되었다.

팀 버너스 리는 1973년 옥스퍼드 대학교에 입학해서 물리학을 공부했다. 대학교에 다니는 동안에는 부속품을 사서 컴퓨터를 직접 만들기도 했다. 1979년 학교를 졸업한 후 통신회사에서 잠시 일하다가 1980년에 CERN이라는 연구소에서 일하게 되었다.

CERN에는 수많은 연구원이 여러 분야를 연구하고 있었다. 그런데 사람들이 사용하는 컴퓨터의 종류가 다양했고 자료나 정보를 저장하고 관리하는 방법도 달랐다. 그래서 서로의 연구 내용과 결과를 알고 싶은

경우에는 정보 공유를 위해 매우 복잡한 과정을 거쳐야 했다.

이렇게 생각해 보자. 철수와 영희와 진수가 함께 학교 숙제를 하고 있었다. 숙제는 마을의 역사를 찾아서 정리하는 것이었다. 철수는 동네 지도를 그리기로 했고, 영희는 마을의 문화재나 유명 장소에 얽힌 이야기를 정리하고, 진수는 동네 출신 유명한 사람의 일화를 찾아보기로 했다.

각자 맡은 일을 다 끝낸 다음에는 하나로 모아서 결과물로 만들어야 한다. 그런데 세 사람은 서로 다른 컴퓨터 프로그램을 사용해서 글을 쓰거나 그림을 그렸기 때문에 하나로 합치기가 어려웠다. 자신이 한 일을 어떻게 전달하면 좋을지, 다른 사람의 한 일을 어떻게 내 컴퓨터에서 불러오는지 등 어려운 일이 많았다. 게다가 진수는 컴퓨터에 저장해 두었던 사진을 철수에게 보내려고 했는데, 어디에 저장돼 있는지 찾기도 힘들었다.

당시 CERN의 연구원들도 비슷한 어려움을 겪고 있었다. 다른 사람이 하는 일을 알기도 힘들었고, 자기가 새롭게 알게 된 것을 다른 사람에게 알리기도 힘들었다. 게다가 당시 CERN의 연구원 수는 1만 명 정도에 달했기 때문에 문제는 더욱 커져만 갔다. 그래서 버너스 리는 이를 개선할 방법을 찾기 시작했고 '하이퍼텍스트'라는 것을 이용하기로 했다.

아주 넓은 공간에 수많은 카드가 있다고 상상해 보자. 이 카드에는 각각 이야기, 그림, 사진들이 담겨 있다. 이 카드는 서로 줄로 연결되어 있다. 하나의 카드를 보다가 비슷한 이야기나 관련된 그림이나 사진이 사용된 카드를 보기 위해서는 그 줄을 당겨 꺼내 볼 수 있고, 그림이나 사진이 비슷한 다른 카드도 꺼내 볼 수 있다. 이렇게 내용이 서로 연결되어 있어서 원하는 것을 꺼내 볼 수 는 것을 '하이퍼텍스트'라고 부른다.

철수가 만든 동네 지도 카드, 영희가 만든 문화재 이야기 카드, 진수가 만든 유명인의 일화 카드가 있다고 해 보자. 지도 카드를 보다가, 어떤 위치에 있는 문화유적이 궁금하면 그것과 연결된 영희의 카드를 꺼내 볼 수 있다. 문화유적이 위인의 전설을 담고 있다면, 또 연결된 진수의 카드를 꺼내 볼 수도 있다. 내가 원하는 대로 그때그때 필요한 카드를 꺼내 볼 수 있다면 서로 알고 있는 이야기를 함께 나누기가 쉬워진다.

그런데 이 카드를 만들어 꺼내 보려면 필요한 것이 있다. 먼저 컴퓨터에서 카드 내용을 볼 수 있는 프로그램이 있어야 한다. 또 카드를 어떻게 써야 하는지에 대한 규칙도 필요하다. 저마다 자기 멋대로 카드를 쓰면 다른 사람이 쓴 카드를 볼 때 내용을 알기 힘들다. 그래서 카드에 글을 쓰거나, 그림이나 사진을 넣을 때 정해진 규칙을 따라야 한다. 카드를 서로 주고받는 방법도 정해야 한다. 또 카드가 어디 있는지를 알려줘야 한다. 그래야 원하는 카드를 찾아서 꺼낼 수 있다.

팀 버너스 리는 하이퍼텍스트 구조를 이용해서 네 가지 구조를 설계했다. 각각 컴퓨터에서 카드를 보는 프로그램인 '웹 브라우저'와 카드에 내용을 쓰는 방법 'HTML', 서로 카드를 주고받는 약속 'HTTP', 카드가 어디에 있는지 알려주는 방식 'URL'이다.

인터넷을 사용할 때 웹 페이지의 주소 가장 앞에 'www'를 입력한다. 팀 버너스 리가 1990년에 만든 월드World 와이드Wide 웹Web의 영어 첫 글자를 딴 것이다. 흔히 줄여서 그냥 '웹'이라고 부르기도 한다. 웹 사이트, 웹 페이지, 웹 접속과 같은 용어 모두 이 '월드와이드웹'에서 시작되었다.

웹 브라우저 - 내용 보여주기

카드에 쓰여 있는 내용을 보여주는 프로그램을 '웹 브라우저'라고 부른다. 마이크로소프트의 '인터넷 익스플로러', 구글의 '크롬' 등이 흔히 사용하는 웹 브라우저이다. 이것들은 '월드와이드웹'이 발전한 것이다. 팀 버너스 리는 세계 최초의 웹

▲ 팀 버너스 리가 만든 최초의 웹 사이트

사이트도 만들었다. 지금도 http://info.cern.ch에 접속하면 볼 수 있다. 비록 영어이지만 초기 www의 역사와 만든 사람들이 소개되어 있다.

HTML - 내용을 쓰는 방식

카드에 내용을 작성하는 규칙을 'HTML'이라고 부른다. 제목과 내용을 쓰는 위치, 그림을 넣는 방법, 화면의 색 지정 방법을 정한 것이다. HTML에 따라 작성해야지만 웹 브라우저에서 생각했던 대로 내용을 볼 수 있다.

▲ HTML의 예시

HTTP - 소통을 위한 약속

카드를 주고받는 약속을 HTTP 프로토콜이라고 한다. 앞서 살펴본 TCP/IP와 다른 점은 무엇일까? TCP/IP는 전달하는 것이 무엇이든 관계없이 모두에게 적용되는 공통된 약속이고, HTTP는 웹에서 HTML로 만든 내용을 주고받는 방식을 정한 약속이다. TCP/IP 앞에 추가하는 방식으로 헤더를 만든다. 패킷 구조를 다시 떠올려 보자. 가장 앞에

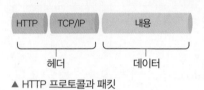

▲ HTTP 프로토콜과 패킷

있는 HTTP 부분에 서로 주고받을 때 어떻게 해야 하는지 내용이 들어 있다.

URL - 위치 지정

URL은 웹 페이지의 '주소'로 알려져 있다. 내용을 가져오거나 나중에 다시 찾을 때를 위해 카드의 위치를 정한 것이다. 철수가 영희의 컴퓨터에서 문화재 이야기가 쓰인 카드를 찾는다고 해 보자. 카드는 HTML에 따라 만들어져 있다.

이때 URL은 [http://영희컴퓨터/문화재이야기.html]같은 형식으로 만들어진다. 제일 앞에는 어떤 약속으로 연결할 것인가를 알려 준다.

'http'가 쓰여 있다는 것은 'HTTP'라는 약속, 프로토콜로 소통한다는 것을 나타낸다. ://는 띄어쓰기처럼 하나와 다른 하나를 분리해 주는 표시다. '영희컴퓨터'는 연결하고자 하는 컴퓨터의 이름이다. 그다음 '/' 를 써서 분리하고, '문화재이야기.html'는 정보를 찾기 위한 최종 도착지이다. 즉, 'HTTP라는 규칙에 따라 영희컴퓨터에 있는 문화재이야기.html을 가져와'라는 뜻이다. 우리가 인터넷 주소창에 입력하는 URL에는 이런 의미가 있다.

버너스 리는 자기가 만든 웹을 공개해서 모든 사람이 자유롭게 무료로 사용할 수 있도록 했다. 그 덕분에 1994년에는 약 2400여 개였던 웹 사이트가 10년 만에 5천만 개 넘게 생겨났다. 2018년에는 웹 사이트의 개수가 무려 12억 4천만 개로 늘어났고 전 세계 40억 명이 넘는 사람들이 인터넷을 쓰게 되었다.

만일 버너스 리가 자신의 발명을 돈을 받고 판매했다면 아마 어마어마한 부자가 되었을 것이다. 하지만 버너스 리는 처음부터 인터넷은 모든 사람이 자유롭게 사용할 수 있어야 한다는 신념을 가지고 있었다.

> **'http://'에서 '//'는 실수**
>
> 팀 버너스 리는 2009년 'http:' 뒤에 빗금 두 개를 '//' 넣은 것이 실수라고 고백했습니다. 별 쓸모가 없지만 당시에는 보기에 좋다고 생각했다고요. 버너스 리는 지금까지 많은 사람이 빗금 두 개를 더 입력하느라고 시간과 노력을 낭비하게 해서 미안하다고 사과했습니다. 하지만 이미 모두가 익숙해졌기 때문에 그냥 사용합니다. 다행히 요즘은 대부분의 브라우저가 'http://'를 자동으로 입력해주기 때문에 번거로움이 덜합니다.

웹을 만든 후

버너스 리는 1994년 MIT 컴퓨터 과학 연구실로 자리를 옮긴 후 월드 와이드웹 컨소시엄[W3C]이라는 단체를 만들었다. 이 단체의 목적은 웹을 발전시키기 위해 공통으로 지켜야 하는 표준과 약속을 만들고 보급하는 것이다. 또한, 가지고 있는 모든 특허를 무료로 사용할 수 있도록 공개했다. 그는 2009년에는 월드와이드웹 재단을 만들었다. 이 재단은 전 세계 사람들이 차별 없이 인터넷을 사용하고, 자신의 삶을 향상하는데 이용할 수 있도록 돕고 있다.

버너스 리는 인터넷이 미치는 나쁜 영향력이 커지는 것을 걱정하고 있다. 수많은 사람의 개인 정보가 흘러나가서 나쁘게 이용되고, 가짜 뉴스와 같은 잘못된 정보들이 넘쳐나고, 돈을 벌려는 목적으로 무조건 클릭만 유도하는 웹 사이트가 많아져서 몇몇 회사만 돈을 벌고 있다고 비판한다.

버너스 리는 처음 생각했던 것처럼 웹이 모두를 이롭게 하는 목적으로 쓰이지 못하는 것을 가슴 아파했다. 그래서 그는 월드 와이드 웹을 버리고 모두가 평등하게 정보를 주고받을 수 있는 새로운 웹을 만들자고 주장한다.

버너스 리는 인터넷의 발전에 대한 공로를 인정받아 1999년 20세기에 가장 중요한 인물 100명에 선정되었다. 2004년에는 영국 왕실로부터 기사 작위를 받기도 했다. 하지만 그가 받은 상보다 더 중요한 것은 누구나 차별 없이 자유롭게 인터넷을 사용할 수 있어야 한다는 그의 신념이다.

2012년 런던 올림픽 개막식에 초대된 팀 버너스 리는 이런 메시지를 띄웠다.

"이것은 모든 사람을 위한 것입니다"

그는 처음에 웹을 만들 때 자신이 가졌던 꿈을 계속 실현하기 위해 최선을 다하고 있다.

▲ 2012 하계 런던 올림픽 개막식에 팀 버너스 리가 띄운 메시지

빌 게이츠

Bill Gates (1955~)

소프트웨어 왕국을 건설하다

지금까지 컴퓨터가 어떻게 만들어졌고, 변화해 왔는지 살펴보았다. 어떤 인물이 무슨 일을 했는지 다시 한번 살펴보자.

찰스 배비지는 처음으로 사람 대신 복잡한 계산을 틀리지 않고 할 수 있는 기계를 제안했다. 앨런 튜링은 컴퓨터라고 부를 수 있는 만능기계 아이디어를, 클로드 섀넌은 켜졌다 꺼졌다 하는 전기 스위치를 연결해서 계산을 하거나 생각을 만들어 낼 수 있다는 것을, 존 폰 노이만은 컴퓨터를 어떤 구조로 만들어야 하는지를 생각해 냈다. 윌리엄 쇼클리는 작은 크기의 전기 스위치, 트랜지스터를 발명해서 컴퓨터를 작게 만들었다. 이들은 지금 우리가 사용하고 있는 컴퓨터의 모든 기본 원리를 만든 위대한 천재들이었다.

데니스 리치는 컴퓨터가 여러 가지 일을 할 때 도와주는 운영체제와 사람이 쓰기 편하고 컴퓨터도 잘 알아듣는 컴퓨터 언어가 발전하는 데 큰 공헌을 했다. 돈 에스트리지는 여러 회사에서 만든 컴퓨터 부품을 사용할 수 있도록 개방형 구조를 제안해서 전문가가 아닌 일반 가정에서도 개인적으로 컴퓨터를 사용할 수 있도록 하는 데 중요한 역할을 했다.

컴퓨터끼리 연결할 때 꼭 필요한 약속을 만든 빈트 서프는 인터넷을 탄생시킨 주인공이었고, 팀 버너스 리는 월드와이드웹을 만들어 인터넷을 많은 사람이 편하게 쓰도록 했다.

자, 지금부터는 컴퓨터의 발전과 변화를 예측해서 많은 사람이 꼭 써야 하는 프로그램을 만들고 그것으로 큰돈을 번 사업가 빌 게이츠의 이야기를 해 보자.

마이크로소프트 왕국

집이나 피시방, 학교에서 개인용 컴퓨터를 켰을 때 처음 보는 화면은 무엇인가? 대부분 '윈도우' 바탕 화면일 것이다. 10명 중 8명이 윈도우를 사용한다. 이 윈도우는 다른 프로그램이 잘 동작하게 해 주는 운영체제라서 컴퓨터를 켜면 자동으로 실행된다. 운영체제가 먼저 실행되지 않으면 개인용 컴퓨터로는 아무 일도 할 수 없다.

인터넷을 이용하기 위해 실행하는 프로그램은 무엇인가? 10년 전에만 해도 10명 중 6명은 인터넷 익스플로러를 사용했다. 지금은 인터넷 익스플로러를 대체하는 다른 프로그램들이 많아서 사용하는 사람이 줄어들었다.

회사나 학교에서 일하거나 공부할 때, 글을 쓰거나 숫자를 계산해서 표로 만드는 작업을 많이 한다. 이때 사용하는 프로그램을 '업

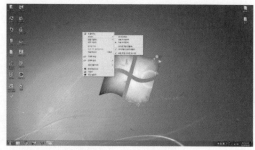

▲ 윈도우 바탕 화면

무용 소프트웨어'라고 하는데, 10명 중 9명은 '마이크로소프트 오피스'라는 프로그램을 쓴다.

개인용 컴퓨터를 쓰는 사람은 누구나 '마이크로소프트'라는 회사에서 만든 프로그램, 즉 소프트웨어를 쓰고 있다. 그래서 '마이크로소프트 왕국'이라는 말도 있다. '왕국'이라고 부르는 것은 그만큼 많은 사람이 영향을 받으며 살아간다는 의미를 담고 있다. 이 마이크로소프트 왕국을 만든 사람이 빌 게이츠이다.

▲ 마이크로소프트 오피스 로고(왼쪽)과 인터넷 익스플로러11의 첫 화면(오른쪽)

어린 시절과 학교 생활

빌 게이츠는 1955년 미국 시애틀에서 태어났다. 아버지는 유명한 변호사였고, 어머니는 높은 직위의 은행원으로 집안이 부유했다. 빌 게이츠는 어릴 적 방에 혼자 틀어박혀 생각하는 것을 좋아했다. 또한 그는 책 읽기를 즐겼고 수학도 잘했다.

고등학생이 된 빌 게이츠는 본격적으로 컴퓨터 프로그래밍에 재능을 발휘했다. 컴퓨터를 이용해서 짓궂은 장난을 쳐서 컴퓨터를 사용하지 못하는 벌을 받은 적도 있다. 친한 친구들 3명과 클럽을 만들어 여러 회사의 프로그램을 고쳐주면서 용돈을 벌었는데 특히 폴 앨런과 친했다. 두 사람은 이후 마이크로소프트 회사를 함께 만들었다.

빌 게이츠는 1973년 고등학교를 졸업하고 하버드 대학교에 입학했다. 처음에는 아버지처럼 변호사가 되기 위해 법학을 공부했지만, 보다 흥미가 많았던 수학과 컴퓨터 관련 수업을 주로 들었다. 빌 게이츠는 대학교에서 열심히 공부하기보다는 컴퓨터를 다루면서 많은 시간을 보냈다. 그러던 1975년, 빌 게이츠의 일생에 아주 큰 영향을 미치는 일이 일어났다.

폴 앨런은 빌 게이츠와 같은 동네에서 살았습니다. 게이츠
보다 2살 많았던 폴 앨런은 고등학생 때부터 게이츠와 함
께 컴퓨터를 다루는 데 열중했습니다. 폴 앨런은 미국 대학
입학 자격시험에서 만점을 받고 워싱턴 주립대학에 입학
할 정도로 똑똑했답니다.

하지만 앨런은 대학을 2년 만에 중퇴하고 하니웰이란 회
사에서 일하는데, 이 회사는 하버드 대학교 근처에 있었어
요. 앨런은 이후 하버드 대학에 다니던 빌 게이츠와 다시
뭉쳐 1975년 마이크로소프트 회사를 만듭니다.

폴 앨런은 몸이 아파서 1983년 회사를 그만둬요. 건강을 되찾은 후 앨런은 우주 개발
사업, 역사 유물 발굴 등 다양한 일을 하다가 2018년 세상을 떠났습니다.

모든 개인용 컴퓨터에 내가 만든 프로그램을

1975년은 개인용 컴퓨터가 본격적으로 세상에 모습을 알리던 시기였
다. 알테어 8800이라는 컴퓨터가 최초의 개인용 컴퓨터로 인기를 끌고
있었다. 빌 게이츠와 폴 앨런은 잡지에서 알테어 8800을 보고 앞으로는
개인용 컴퓨터가 세상을 바꿀 것이라고 확신했다. 그리고 모든 개인용
컴퓨터에 자신들이 만든 프로그램을 설치해서 사용하도록 하겠다는 꿈
을 꾸기 시작했다.

두 사람은 의기투합해서 알테어 8800을 만들던 회사에 연락했다. 그

리고 알테어 8800에서 사용할 컴퓨터 언어, 베이직Basic을 제공하겠다고 제안했다. 어린 학생들이 대담하게 자신하는 모습을 본 회사의 사장은 이들에게 일을 맡겼다. 두 사람은 성공적으로 베이직이라는 언어를 알테어 8800에 맞도록 수정했다. 3000달러를 받고 베이직 언어 프로그램을 판 두 사람은 이후 알테어 8800에 들어가는 베이직 프로그램마다 일정한 돈을 받기로 계약을 했다.

당시에는 개인용 컴퓨터에 쓸 만한 프로그램들이 거의 없어서 자기가 원하는 것을 마음대로 골라 쓸 수 없었다. 많은 사람들이 자기가 필요한 프로그램을 직접 만들어 썼고, 그래서 컴퓨터에 쉬운 컴퓨터 언어가 들어 있는 것이 중요했다. 베이직은 영어와 비슷해서 어렵지 않은 컴퓨터 언어였고, 아이들의 교육용으로 사용하기에도 좋았기 때문에 인기가 많았다.

자신들이 만든 프로그램을 본격적으로 판매하기 위해 빌 게이츠와 폴 앨런은 회사를 만들었다. 바로 '마이크로소프트' 회사다. 빌 게이츠는 학교를 그만두고 본격적으로 사업에 참여했다. 비록 하버드 대학을 중도에 그만두었지만, 부모님은 야단을 치는 대신 아들의 결정을 믿고 응원했다.

IBM PC와 만나서 날개를 펴다

IBM PC가 개발되고 마이크로소프트는 본격적으로 커 나가기 시작했다. 앞서 살펴본 것처럼 IBM은 개인용 컴퓨터를 적은 비용으로 빠르게 만들기 위해 '개방형 구조'를 택했다. IBM은 자신의 PC에 필요한 것들을 제공할 회사들을 골랐는데, 마이크로소프트는 '운영체제' 소프트웨어를 IBM에 팔기로 했다. 운영체제가 없으면 컴퓨터에서 다른 소프트웨어를 작동시킬 수 없다. 그래서 운영체제는 컴퓨터 프로그램 중에서도 아주 중요하다. 마이크로소프트는 'DOS'라는 이름의 운영체제를 IBM에 제공했다. 마이크로소프트의 DOS라고 해서 MS-DOS라는 이름으로 널리 알려졌다.

MS-DOS는 마이크로소프트가 처음으로 개발한 것은 아니었다. DOS라는 운영체제는 이미 여러 회사에서 만들어 사용하고 있었고 마이크로소프트는 다른 회사에서 개발한 DOS 운영체제를 사서 이것을 IBM PC에 맞도록 수정한 후 IBM에 판 것이다. 그리고 이름을 MS-DOS라고 붙였다.

DOS를 운영체제로 사용하는 컴퓨터를 켜

▲ MS-DOS 시작 화면

면 그림과 같은 화면을 볼 수 있다. 지금과는 매우 다르다. 지금은 프로그램의 아이콘을 마우스로 클릭하면 원하는 소프트웨어가 실행되지만, 당시에는 자신이 하고 싶은 일을 화면에 한 줄, 한 줄 직접 키보드로 써야 했다.

1981년 세상에 모습을 드러낸 IBM PC는 큰 인기를 끌었으며 많이 판매되었다. 그만큼 마이크로소프트의 DOS도 함께 팔렸다. 게다가 다른 회사들도 IBM PC의 기준에 따라 컴퓨터를 만들기 시작했고, 이 컴퓨터들도 MS-DOS를 운영체제로 사용했기 때문에 마이크로소프트는 큰돈을 벌 수 있었다. 1987년 빌 게이츠는 미국에서 29번째 부자가 된다. 그때 그의 나이는 31세였다.

윈도우의 개발

DOS처럼 필요한 작업을 하기 위해 글자를 직접 입력하는 방식은 불편했다. 컴퓨터를 좀 더 편하게 사용하기 위해서 화면에 그림을 보여주고, 이 그림을 선택해서 명령하는 방법이 등장했다. 이것을 그래픽 사용자 인터페이스GUI라고 부른다. '그림을 이용해서 컴퓨터를 조작한다'는 의미다.

지금은 대부분의 컴퓨터가 그래픽 사용자 인터페이스를 사용한다.

화면에 나타난 아이콘을 클릭하거나 파일 열기와 같은 그림 메뉴를 마우스로 클릭해서 내용을 본다. 마이크로소프트는 그래픽 사용자 인터페이스에 맞춰 새로운 운영체제를 개발하기 시작했다.

1985년 테스트용 프로그램이 만들어졌고 윈도우를 세상에 선보였지만, 처음에는 인기가 없었다. 그러다가 1990년 윈도우의 세 번째 버전(윈도우 3.0)이 비로소 대중의 관심을 받고 널리 사용되기 시작했다. 윈도우 3.0은 1990년 한 해에만 200만 개 정도 팔렸다. 빌 게이츠는 '당신의 손가락 끝에 있는 정보'라는 새로운 꿈을 발표한다. 컴퓨터 화면에 영상, 글자, 소리 등이 한 덩어리가 되어 나타나고 모든 사람이 이를 편안하게 즐길 수 있는 미래를 이야기한 것이다.

윈도우는 빠르게 퍼져나가 지금은 전 세계 개인용 컴퓨터 운영체제의 82%를 차지하고 있다. 윈도우는 계속 변화하고 발전해서 2020년 기준으로 열 번째 버전이 사용되고 있다.

그런데 DOS와 마찬가지로 그래픽 사용자 인터페이스를 사용한 운영체제를 마이크로소프트

> **버전** version
>
> 사용하는 소프트웨어의 이름 뒤에 숫자가 붙어 있는 경우가 있어요. 영어로는 버전, 우리말로는 개정판이라고 해요. 소프트웨어가 처음 만들어진 후 몇 번이나 수정되었는지를 나타내는 것이지요. 윈도우 3.0은 세 번째 고친 것, 윈도우 10은 열 번째 고친 것이라는 의미입니다. 어떤 경우에는 소수점 이하를 사용하기도 합니다. 소수점 이하는 크게 고친 것이 아니라 조금만 고친 경우를 뜻합니다. 윈도우 3.1은 세 번째로 고친 윈도우를 다시 조금 수정했다는 의미입니다.

가 처음 만든 것은 아니다. 1983년, 애플이 먼저 그래픽 사용자 인터페이스를 이용한 운영체제를 선보였다. 마이크로소프트의 윈도우는 당시 애플의 운영체제와 비슷한 점이 많았다.

애플은 자신들이 먼저 만든 것을 마이크로소프트가 모방했다고 법원에 특허소송을 냈다. 하지만 가장 처음으로 아이디어를 낸 것은 애플도 마이크로소프트도 아닌 것으로 밝혀졌고 두 회사의 갈등은 마무리되었다.

인터넷 전쟁

팀 버너스 리가 월드 와이드 웹을 만들어 공개한 후 웹에 접속하기 위해 사용하는 프로그램인 웹 브라우저도 빠르게 발전했다. 특히 그래픽 사용자 인터페이스를 이용한 웹 브라우저들이 큰 인기를 끌었다.

1992년 대학생이었던 마크 앤드리슨이 '모자이크'라는 웹 브라우저를 만들었고 사람들이 무료로 이용할 수 있게 했다. 그 후 앤드리슨은 1994년 '넷스케이프'라는 웹 브라우저를 만들어 팔기 시작했고 어마어마한 성공을 거두었다. 넷스케이프는 1996년 전 세계 웹 브라우저 프로그램 이용률의 80%를 차지하게 되었다. 인터넷을 사용하는 사람 10명 중 8명이 넷스케이프를 사용한 것이다.

빌 게이츠는 변화하는 인터넷에서 마이크로소프트가 힘을 잃을 것이 걱정되었다. 그래서 마이크로소프트의 웹 브라우저인 '익스플로러'를 개발하기 시작했다. 하지만 처음에 익스플

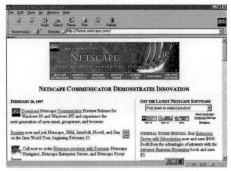

▲ 넷스케이프 네비게이터

로러는 넷스케이프의 상대가 되지 않았다. 사람들은 익스플로러가 있는지도 잘 몰랐다. 게다가 넷스케이프는 윈도우를 운영체제로 사용하지 않는 컴퓨터에서도 잘 작동했다.

빌 게이츠는 위기를 느끼고 강력한 대책을 세웠다. 1996년부터 윈도우를 사는 사람한테는 돈을 받지 않고 익스플로러를 제공하기로 한 것이다. 1998년에는 더욱 파격적인 방법을 썼다. 윈도우에 익스플로러를 포함해서, 윈도우 프로그램을 컴퓨터에 깔면 익스플로러도 자동으로 설치되어 사용할 수 있게 한 것이다.

이러한 빌 게이츠의 전략으로 넷스케이프는 시장에서 외면당하기 시작했다. 넷스케이프를 사용하기 위해서는 돈을 내고 프로그램을 구매한 후 컴퓨터에 설치해야 했다. 하지만 익스플로러는 컴퓨터에 꼭 필요한 운영체제인 윈도우를 구매하면 함께 자동으로 설치까지 되었으니 상대가 될 수 없었다. 시간이 지날수록 넷스케이프 사용자는 점점 줄어

들고 익스플로러 사용자는 늘어났다.

 2000년, 익스플로러 사용자는 전체 컴퓨터 사용 인구의 80%가 넘었고, 넷스케이프 사용자는 20% 이하로 줄어들었다. 2008년 이후 넷스케이프는 만들어지지 않는다. 반면 익스플로러는 대표적인 웹 브라우저가 되어 많은 사람이 사용하게 되었다.

 하지만 이후 다른 웹 브라우저들이 많이 나와서 익스플로러를 사용하는 사람들도 줄어들었다. 지금은 구글에서 만든 '크롬'이라는 웹 브라우저가 제일 많이 사용되고 있으며 애플의 '사파리'에 이어 익스플로러는 세 번째로 많이 사용되고 있다. 사용하는 인구 비율도 전체의 10% 정도다.

 빌 게이츠의 끼워팔기 전략으로 익스플로러가 웹 브라우저 시장의 1등이 되었지만, 이 방식으로 인해 빌 게이츠는 여러 사람에게 많은 비난을 받았다. 만일 내가 식당을 운영하고 있는데 바로 옆에 다른 사람이 같은 음식을 판매하는 식당을 차린 다음 음식을 공짜로 준다면 내 식당은 당연히 망할 것이다. 음식의 맛과 서비스로 정당하게 경쟁하지 않은 것이다. 빌 게이츠가 웹 브라우저 시장을 장악한 방식은 공정하지 않았다. 미국 정부는 마이크로소프트가 기업 간에 공정하게 경쟁해야 하는 법을 위반했다고 재판에 넘기기도 했다.

회사의 성장 그리고 빠른 은퇴

빌 게이츠가 만든 마이크로소프트는 계속 성장해서 전 세계에서 가장 큰 회사 중 1~2등을 다투고 있다. 우리나라에서 제일 큰 회사인 삼성전자가 전 세계에서 14위~17위 정도이니 얼마나 규모가 큰 회사인지 상상해 보라. 회사를 처음 세웠던 빌 게이츠는 1995년부터 2007년까지 13년 동안 전 세계에서 제일가는 부자였다. 빌 게이츠는 사업가로서 엄청난 성공을 거두었다.

하지만 이 과정에서 시장을 독점했다는 이유로 많은 재판을 받아야 했다. 유럽 연합^{EU}에는 아주 많은 배상금을 물어주기도 했다. 성공과 고난을 모두 뒤로 하고 빌 게이츠는 2008년 53세의 나이로 공식적으로 마이크로소프트에서 은퇴했다.

자선사업가로 다시 태어나다

빌 게이츠는 2000년대에 들어서면서 어려운 이웃을 돕는 자선활동에 관심을 가졌다. 자신과 아내의 이름을 따서 '빌과 멜린다 게이츠 재단'이라는 단체를 설립했다. 그리고 재단에 많은 돈을 기부하고, 이 돈으로 지구 곳곳의 어려운 사람들을 돕는 일을 하고 있다.

▲ 빌과 멜린다 게이츠 재단

빌 게이츠는 남아프리카의 가난한 지역을 보고 충격을 받았다. 기술이 발전해도 부유한 사람들에게만 혜택이 돌아가고 가난한 사람들은 여전히 고통스럽다는 것을 깨닫고 이 문제를 해결해야 한다고 생각했다. 빌 게이츠는 재산 중 대부분을 기부하고 자식들에게는 0.02%만 남겨주겠다고 선언한 다음 매년 약 4조 원이 넘는 돈을 재단에 기부하고 있다. 빌과 멜린다 게이츠 재단에는 같은 뜻을 가진 다른 사람들도 참여하고 있다.

빌과 멜린다 게이츠 재단은 전 세계의 질병과 빈곤 문제를 해결하기 위해 노력하고 있다. 특히 아프리카 지역의 가난한 사람들에게 약품을 주고, 아픈 사람들을 치료하는 일에 큰 힘을 쏟고 있다.

위생 환경을 개선하는 사업도 돕고 있는데, 대표적으로 화장실 문제를 해결하기 위해 노력하고 있다. 우리는 보통 수세식 화장실을 이용하고 있지만, 아직 전 세계의 10억 명에 달하는 사람들이 아무 데서나 용변을 본다. 그 때문에 해로운 병원균이 많이 퍼지고, 해마다 50여만 명의 아이들이 세균에 감염되어 병에 걸려 죽는다. 또 수세식 화장실은 배설물을 내려 보내기 위해 많은 물을 사용하는데 물이 부족한 나라에는 맞지 않는 방식이다. 이런 환경에서 나쁜 병균과 악취를 없애고, 배설물을 비료나 전기를 만드는 데 이용하는 기술은 아주 중요하다. 빌과 멜린다 재단은 이 기술을 개발하는데 2000억 원이 넘는 돈을 후원하고 있다.

악덕 사업가 아니면 혁신가?

빌 게이츠와 마이크로소프트는 컴퓨터의 역사를 이야기하며 빼놓을 수 없다. 하지만 빌 게이츠가 세상에 없던 것을 처음으로 발명한 것은 아니다. MS-DOS는 다른 회사의 프로그램을 발전시킨 것이고, 윈도우도 기존의 그래픽 사용자 인터페이스를 이용한 것이다.

또한 회사를 운영하며 경쟁자를 이기기 위해 올바르지 않은 방법을 쓰기도 했다. 그래서 빌 게이츠는 한때 '실리콘 밸리의 악마'라는 별명으로 불리기도 했다. 하지만 세상의 변화를 예측해서 그때그때 꼭 필요한 것들을 만들어 사람들에게 제공한 것은 빌 게이츠의 능력이다.

빌 게이츠는 소프트웨어를 사용하기 위해서는 정당한 돈을 지불해야 한다고 강력하게 주장한다. 그 전까지 사람들은 컴퓨터 프로그램은 컴퓨터를 구매하면 그냥 주는 것이라고 생각했다. 빌 게이츠는 사람들의 이러한 의견에 반대하는 공개 편지를 잡지에 실었다. 소프트웨어를 공짜로 쓰는 것은 훔치는 것과 같고, 좋은 소프트웨어 개발을 가로막는 일이라는 내용이었다. 빌 게이츠는 사람들이 정당한 값을 치르지 않는다면 열심히 프로그램을 개발하고 발전시키는 사람들이 대가를 받지 못하고 결국 아무도 그 일을 하지 않을 거라고 생각했다. 빌 게이츠가 소프트웨어를 복사해서 쓰는 사람을 도둑처럼 취급했다고 해서 사람들은 기분 나빠 했다. 그때까지만 해도 소프트웨어가 돈을 받고 만들어 파는 상품이라고 생각하지 않았기 때문이다. 하지만 지금은 소프트웨어를 이용하기 위해 돈을 지불하는 것이 당연한 일이 되었다.

그러나 앞서 월드와이드웹을 처음 만든 팀 버너스 리는 자신이 만든 것을 누구나 쓰도록 공개했다. 유닉스 운영체제와 C 언어를 만든 데니스 리치도 처음에 자신이 만든 프로그램을 공개하고 사람들이 고쳐 쓰게 했다. 여러 사람이 자유롭게 고칠 수 있도록 공개한 덕분에 인터넷 사용자가 급속하게 늘고, 컴퓨터 운영체제도 다양하게 발전할 수 있었다. 공개된 원본은 더 좋게 개선되었다.

그래서 어떤 사람들은 소프트웨어의 발전을 위해서 프로그램을 공개하고 원하는 사람들이 마음대로 고쳐서 사용할 수 있어야 한다고 생각한다. 이들은 마이크로소프트와 같은 회사가 소프트웨어를 독점해서 돈을 버는 것이 컴퓨터의 발전을 방해한다고 생각한다. 돈을 주고 프로그램을 구매했다면 마음대로 수정할 수 있어야 한다는 것이다. 하지만 현재 대부분 프로그램은 돈을 주고 샀더라도 사용만 할 수 있지, 내 마음대로 수정하지는 못한다. 여러분은 어느 주장에 찬성하는가?

리처드 스톨만과 자유 소프트웨어

리처드 스톨만은 소프트웨어의 소스 코드를 모두에게 공개해 원하는 사람 누구나 자유롭게 고쳐서 사용할 수 있어야 한다고 주장하는 대표적인 인물이에요. 소스 코드란 컴퓨터 언어로 만든 소프트웨어의 원본이랍니다.

리처드 스톨만은 누구나 자신의 목적에 따라 소스 코드를 수정하고 공유해야 컴퓨터가 더 발전하고 모두의 이익을 위해 쓰일 수 있다고 믿어요. 스톨만은 1985년부터 '자유 소프트웨어 재단'을 설립해서 자신의 뜻을 펼치고 있답니다.

▲ 리처드 스톨만

빌 게이츠는 전 세계적으로 유명하다. 우리는 그를 세계 최고의 부자, 20대에 세계 최대의 회사인 마이크로소프트를 만든 사람으로 알고 있다. 그는 앨런 튜링이나 클로드 섀넌, 윌리엄 쇼클리와 같은 천재적인 아이디어를 세상에 내놓지 않았고, 데니스 리치나 팀 버너스 리처럼 자기가 만든 것을 세상에 공개해서 여러 사람이 쓸 수 있게 한 것도 아니다. 하지만 빌 게이츠와 마이크로소프트에서 개발한 소프트웨어로 많은 사람이 컴퓨터를 더 편리하고 유용하게 사용할 수 있게 된 것은 사실이다.

'모든 개인용 컴퓨터에 자기가 만든 소프트웨어를 넣겠다'라는 그의 꿈은 현실이 되었다. 빌 게이츠는 세계의 가난과 질병을 구제하는 또 다른 꿈을 꾸고 있다.

스티브 잡스

Steve Jobs (1955~2011)

일상을 바꾼
모바일 컴퓨터 혁명을 일으키다

2007년 미국 캘리포니아에서 한 사람이 무대에 올라갔다. 검은 터틀넥 셔츠와 청바지를 입은 이 사람은 "휴대폰을 새롭게 발명했다"라는 선언을 하고 모두 앞에서 새 제품을 공개했다. 이 사람이 스티브 잡스다. 이 무대에서 새롭게 선보인 제품은 '아이폰'이었다.

스티브 잡스가 2007년 공개한 아이폰은 혁신적이었다. 아이폰은 그때까지의 휴대폰과는 전혀 달랐다. 모양은 물론이고 사용하는 방식도 전혀 달랐으며, 할 수 있는 일은 컴퓨터와 같았다. 진정한 '스마트폰'이 세상에 모습을 드러낸 것이다.

아이폰이 발표되기 전에도 스마트폰이라고 불리는 전화기는 있었다. 전자우편을 보내고, 파일을 전달하고, 인터넷에 접속해서 웹 검색을 할 수 있었다. 특히 직장인들이 많이 사용했다.

당시 스마트폰은 지금 우리가 일반적으로 사용하는 스마트폰과는 다르게 생겼다. 화면 아래에는 키보드가 있었다. 전자우편이나 메시지를 보내기 위해서는 글자를 입력해야 했기 때문에 자판이 필요했다. 자판

▲ 당시의 대표적인 스마트폰, 스티브 잡스의 아이폰 발표 화면

때문에 화면은 지금보다 크기가 작았고, 원하는 메뉴를 고르기 위해서는 상하좌우 버튼을 눌러야 했다.

아이폰은 키보드를 없애고 화면이 전체를 차지하도록 크게 만들었다. 버튼은 모두 사라지고 제일 아래에 둥근 '홈 버튼' 하나만 남았다. 대신 손가락으로 화면을 터치해서 원하는 조작을 할 수 있었다. 지금은 너무나 당연한 일이지만, 아이폰 이전에는 없던 방식이었다.

아이폰은 모양도 아주 예뻤다. 다른 스마트폰이 '기계'라는 느낌이었다면 아이폰은 마치 하나의 예술 작품 같았다.

할 수 있는 일도 훨씬 많았다. 수천 곡의 음악을 저장해 두고 원할 때마다 들을 수 있고, 사진을 찍어 바로 전자우편으로 다른 사람에게 보낼 수도 있고, 지도 기능이 있어서 원하는 장소를 쉽게 찾을 수 있었다. 인터넷 접속도 편했다. 화면이 커서 영화를 감상하기에도 좋았다.

전 세계 사람들은 아이폰에 열광했다. 아이폰을 구매하기 위해 판매장 앞에서 며칠씩 밤을 새워 가며 줄을 서기도 했다. 이후 출시된 스마트폰은 모두 아이폰을 따라했다.

지금까지 컴퓨터에 대해 이야기했는데, 갑자기 왜 휴대폰 이야기를 하는 것일까? 스티브 잡스는 휴대폰을 '다시 발명'했다. 기존에 존재하던 전화기를 더 좋게 만든 것이 아니라 완전히 새로 만든 것이다. 스마트폰은 더 이상 단순한 전화기가 아니었다. 내가 필요한 모든 것을 할 수 있는 만능 컴퓨터였다. 통화도 할 수 있는, 손안에 들어가는 작고 예쁜 컴퓨터. 이것이 아이폰이었다.

2007년 1월 9일, 스티브 잡스가 아이폰을 공개한 날은 컴퓨터 역사에 한 획을 긋는 중요한 순간이었다.

남달랐던 어린 시절

지금까지 우리가 만나본 사람들은 대부분 유복한 가정에서 태어나 좋은 교육을 받고, 유명한 학교를 졸업했다. 그 후에도 좋은 연구소이나 학교, 혹은 큰 회사에서 계속 연구하면서 훌륭한 아이디어와 기술을 발전시켰다. 하지만 스티브 잡스는 조금 달랐다.

▲ 2007년 처음 공개된 아이폰

잡스는 1955년, 빌 게이츠와 같은 해에 태어났다. 하지만 그의 친부모는 집안의 반대로 결혼을 할 수가 없었다. 그래서 잡스는 태어나자마자 비밀리에 다른 집으로 보내졌다.

잡스의 양부모님은 아이를 가질 수 없어서 잡스를 아들로 입양했다. 양아버지는 고등학교를 중퇴하고 기계공으로 일하고 있었다. 잡스는 자신의 부모님이 친부모가 아니라는 사실을 어려서부터 알고 있었다고 한다. 비록 친부모님은 아니었지만 잡스는 큰 애정과 보살핌을 받으며 자랐다.

아버지는 자신의 작업실에서 잡스에게 기계를 만드는 방법을 가르쳐 주었고 친절한 성품의 어머니는 사랑으로 잡스를 보듬어 주었다. 특히 아버지는 무엇을 만들 때 정성을 쏟아야 한다는 점을 가르쳐 주었고, 이 가르침은 훗날 잡스가 여러 가지 혁신적인 제품을 만들 때 큰 영향을 미쳤다. 잡스는 양부모님을 존경하고 사랑했다.

초등학교 시절 잡스는 말썽꾸러기였다. 툭하면 학교를 빼먹고 말썽을 부렸지만, 담임 선생님이 잘 보살펴 주어 간신히 학교를 마칠 수 있었다. 이때 전자 기계를 만드는 조립식 키트를 처음 접하게 되어 푹 빠져들었고 전자공학의 기본 원리를 배웠다.

고등학생이 된 잡스는 여름 방학 동안 전자 제품을 만드는 휴렛팩커드라는 회사에서 일했다. 또 이 회사에서 제공하는 다양한 수업을 듣고 친구들을 사귀게 되었다. 이때 잡스는 나중에 '애플' 회사를 같이 세우는 스티브 워즈니악을 만났다. 워즈니악은 잡스보다 나이가 많은 선배였지만 만나자마자 의기투합해서 여러 가지 일을 함께 벌였다. 워즈니악은 뛰어난 엔지니어였는데 어렸을 때부터 여러 재미난 장난감과 기계를 만드는 것으로 유명했다.

스티브 워즈니악 Steve Gary Woz Wozniak (1950~)

워즈니악은 1950년 미국 캘리포니아에서 태어났습니다. 고등학교 후배인 스티브 잡스를 만나 컴퓨터 동아리에서 같이 활동했지요. 당시 워즈니악은 휴렛팩커드라는 대기업에서 계산기 만드는 일을 하고 있었고, 고등학생인 잡스도 같은 회사에서 일하고 있었습니다. 두 사람은 애플 회사를 공동으로 창업해서 개인용 컴퓨터를 만들었지요. 워즈니악은 컴퓨터 개발에 관한 일을 거의 모두 도맡아 했습니다. 그때 만든 애플 II 컴퓨터는 큰 인기를 끌었습니다.

하지만 워즈니악은 1981년 자기가 조정하던 소형 비행기가 추락하는 바람에 크게 다치고 치료를 위해 회사를 떠나게 되었습니다. 2년 후 다시 돌아왔지만, 자신이 생각하는 회사의 모습과 잘 맞지 않아 1985년 애플을 떠나게 됩니다. 이때 잡스와의 사이도 멀어졌습니다.

그 후부터 워즈니악은 초등학교 학생과 중학교 학생을 위한 컴퓨터 교육, 자원봉사 활동, 책 쓰기 등을 하면서 지냈습니다. 그는 사람들에게 베푸는 것을 좋아하고 친절한 성품이어서 많은 사람에게 존경받고 있습니다.

▲ 시드니 파워하우스 박물관에 보관 중인 블루박스

1971년 워즈니악은 '블루박스'라는 것을 만들었다. 이것은 전화선에 접속해서 공짜로 장거리 전화를 걸 수 있게 하는 기계였다. 워즈니악은 이 장치를 이용해 여기저기 장난 전화도 많이 했다. 한번은 로마에 전화해서 교황을 바꿔 달라고 한 적도 있었다. 잡스는 워즈니악이 만든 블루박스를 학생들에게 팔았다. 이것이 두 사람이 함께한 첫 번째 사업이었다.

1972년 스티브 잡스는 리드 대학에 입학했다. 하지만 한 학기 만에 학교를 그만두었다. 가장 큰 이유는 등록금을 낼 만큼 집안 사정이 넉넉하지 않았기 때문이다. 잡스는 부모님이 어렵게 모은 돈을 써 가면서 학교를 더 다닐 수 없다고 생각했다. 하지만 학교를 그만두고도 1년 반 동안 대학에 머물면서 관심 있는 수업을 몰래 들었는데, 이때 들었던 수업들은 잡스가 훌륭한 제품을 만드는 데 기초가 되었다.

애플을 창업하다

　학교를 그만두고 1974년 집으로 돌아온 스티브 잡스는 '아타리'라는 회사에 들어갔다. 아타리는 게임기를 만드는 회사로 유명했다. 아타리에 들어간 잡스는 밤마다 회사로 스티브 워즈니악을 불러 함께 여러 가지를 만들었다. 워즈니악은 휴렛팩커드라는 큰 회사에 다니고 있었지만, 퇴근한 다음 늦은 밤에 잡스와 함께 새로운 것을 만드는데 푹 빠졌다.

　잡스와 워즈니악은 컴퓨터 동호회 활동도 열심히 했다. 두 사람은 동호회에서 개인용 컴퓨터를 만들고 열심히 프로그래밍을 했다. 잡스는 이제 개인용 컴퓨터의 시대가 열릴 것이라 확신했다. 그래서 워즈니악과 함께 집의 차고에서 컴퓨터를 만들기 시작했다. 이것이 '애플' 컴퓨터 회사의 시작이다.

　처음으로 만든 것은 '애플I' 컴퓨터인데 알테어 8800과 유사했다. 잡스는 직접 가게를 돌아다니며 자신들이 만든 애플I 컴퓨터를 판매했다.

▲ 차고에서 컴퓨터를 개발하는 잡스와 워즈니악　▲ 애플I 컴퓨터

▲ 애플II 개인용 컴퓨터

10개월 동안 약 200대의 컴퓨터를 팔았는데 두 사람은 여기에 만족하지 않고 새로운 컴퓨터를 만들기 시작했다.

애플I에서 불편했던 점들을 개선하고, 예쁜 플라스틱 케이스에 흑백이 아닌 컬러 모니터를 사용하고, 본체에서 소리가 날 수 있도록 스피커까지 달았다. 이렇게 탄생한 것이 애플의 첫 번째 히트 상품인 애플II 컴퓨터였다.

게임을 좋아했던 스티브 워즈니악은 사람들이 애플II 컴퓨터로 쾌적하게 게임을 할 수 있도록 신경 썼고, 잡스는 다른 컴퓨터와는 다르게 멋지고 세련되고 편리하게 사용할 수 있도록 신경 썼다. 1977년에 처음 세상에 모습을 드러낸 애플II는 얼마 지나지 않아 전 세계에 이름을 드날렸다.

하지만 1981년 돈 에스트리지가 주도한 IBM PC가 등장하자 애플의 인기는 조금씩 시들기 시작했다. 스티브 잡스는 또 다른 혁신적 제품을 준비했다. 그것은 바로 그래픽 사용자 인터페이스로 단장한 컴퓨터였다.

앞서 살펴본 것처럼 그래픽 사용자 인터페이스는 컴퓨터에 한 줄 한 줄 명령을 쳐넣는 것이 아니라 화면에 나타나는 아이콘이나 메뉴를 선택해서 원하는 프로그램을 실행하는 방법이다. 그래픽 사용자 인터페이스를 사용하려면 필요한 것이 있다. 바로 화면의 어떤 위치를 직접 가

제록스 팔로 알토 연구소

제록스 팔로 알토 연구소는 복사기를 만드는 회사로 유명한 제록스에서 만든 연구소로 미국 캘리포니아의 팔로 알토에 자리 잡고 있습니다. 벨 연구소와 더불어 세계적으로 유명한 연구소이지요. 특히 연구원들이 자기가 하고 싶은 연구를 마음대로 할 수 있는 곳으로 명성을 날렸습니다. 제록스 파크, 혹은 줄여서 파크 연구소라고도 부릅니다. 이 연구소에서 나온 발명품 중에는 우리가 자주 사용하는 것들이 많습니다. 컴퓨터를 쓸 때 빼놓을 수 없는 마우스도 바로 이곳에서 개발한 것이랍니다. 그래픽 사용자 인터페이스와 레이저 프린트도 이곳에서 처음 만든 것입니다. 지금도 다양한 컴퓨터 관련 기술을 연구하고 있어요.

리키고 실행하는 '마우스' 장치다. 지금도 컴퓨터를 사용하기 위해서 필요한 것이다.

원래 그래픽 사용자 인터페이스와 마우스는 1973년 제록스 팔로 알토 연구소에서 처음 개발되었지만, 그 당시에는 꽃을 피우지 못했다. 그러다가 애플과 마이크로소프트에서 본격적으로 도입하기 시작하면서 세상에 퍼지게 되었다.

1978년 스티브 잡스는 그래픽 사용자 인터페이스를 본격적으로 적용한 '리사'라는 이름의 컴퓨터 개발을 시작했다. '리사'는 잡스의 딸 이름이었다. 리사 컴퓨터는 새로운 기술이 들어가 있는 걸작품이었다. 하지

▲매킨토시 컴퓨터

만 너무 비싸서 잘 팔리지 않았다. 그래서 리사보다는 값이 싼 '매킨토시'라는 컴퓨터를 만들었다. 매킨토시는 그래픽 사용자 인터페이스를 사용하는 점 외에 디자인 면에서도 기존 PC와 달랐다. 1984년, 매킨토시 컴퓨터가 세상에 모습을 드러내자 사람들은 이 새로운 컴퓨터에 열광했다.

스티브 잡스는 매킨토시가 잘 팔릴 것이라 예상하고 미리 8만 대를 만들어 두었다. 하지만 기대한 것만큼 많이 팔리지는 않아서 판매량은 2만 대에 그쳤다. 미리 만들어 두는 데 돈을 많이 들였지만 기대한 만큼 팔리지 않아 애플은 손해를 보았다. 시간이 지날수록 매킨토시의 판매량은 줄어들기만 했으나 스티브 잡스는 계속 매킨토시를 고집했다.

당시 애플에서 스티브 잡스와 함께 일하던 사람들은 잘 팔리지 않는 매킨토시만 고집하고, 여전히 사람들이 좋아하는 애플Ⅱ를 소홀히 하는 스티브 잡스에게 불만을 품고 잡스가 애플을 떠나기를 바라게 되었다.

결국 회사의 다른 사람과 다툰 뒤 1985년 말 스티브 잡스는 자신이 세우고 키워나갔던 애플을 떠나게 되었다.

애플을 떠나 새롭게 일하다

스티브 잡스는 애플을 떠나 '넥스트'라는 새로운 컴퓨터 회사를 만들었다. 애플에서 같이 일했던 동료들이 참가했고, 잡스를 좋아했던 많은 사람이 도와주었다. 넥스트에서도 좋은 컴퓨터를 만들었지만 크게 성공하지는 못했다. 하지만 컴퓨터의 발전에 큰 영향을 미쳤다. 팀 버너스 리가 월드 와이드 웹을 만들 때 사용한 컴퓨터가 바로 넥스트에서 만든 것이다.

잡스는 또 다른 회사도 하나 만들었다. 유명한 영화 제작자였던 조지 루커스가 자기 회사의 컴퓨터 그래픽을 담당하고 있던 부분을 떼어내서 잡스에게 팔았고, 잡스는 이 회사를 '픽사'라고 이름 지었다.

픽사는 디즈니와 함께 애니메이션을 제작했다. 1995년 세계 최초의 3D 애니메이션 영화인 〈토이 스토리〉를 함께 만들어 전 세계적으로 큰 인기를 얻었다. 〈토이 스토리〉는 당시 전 세계에서 가장 많은 돈을 번 영화가 되었다. 픽사와 디즈니는 이후에도 〈니모를 찾아서〉, 〈벅스 라이프〉, 〈몬스터 주식회사〉 등 유명한 애니메이션 영화를 많이 만들었다.

픽사는 대성공을 거두었고 2006년 디즈니는 아예 픽사를 자기 회사로 만들었다. 이후에도 픽사는 계속 훌륭한 애니메이션 영화와 컴퓨터 그래픽을 보여주고 있다. 스티브 잡스는 픽사를 만들고 운영하면서 자

▲ 픽사의 대표 애니메이션.
  왼쪽부터 〈니모를 찾아서〉, 〈벅스 라이프〉, 〈토이 스토리〉, 〈몬스터 주식회사〉

기의 예술적인 감각과 창조성을 더 높였다.

그에 비해 애플은 스티브 잡스가 떠난 뒤 점점 시장에서 힘을 잃고 있었다. 새로운 제품이 생각처럼 잘 팔리지 않고 회사 사정이 점점 더 어려워지자 경영자들은 애플을 다른 곳에 팔려고 했다. 하지만 다른 회사들이 선뜻 사려고 나서지 않았다. 이런 상황을 극복하기 위해서 강력한 리더가 필요했고, 스티브 잡스는 다시 애플로 돌아갔다.

진정한 혁신을 이루다

1997년 애플로 돌아온 스티브 잡스는 회사를 다시 정비하기 시작했다. 애플에서 만들던 여러 제품을 정리하고 이름이 '아이'로 시작하는 제품들을 세상에 선보였다.

첫 번째로 선보인 제품은 '아이맥'이라는 컴퓨터다. 아이맥은 그때까지의 컴퓨터와는 완전히 다른 모습이었다. 인터넷에 연결하기도 쉬웠다. 아이맥은 대성공을 거두었고, 애플은 아이맥을 발판으로 다시 날아오를 준비를 했다.

▲ 초기 아이맥

다음으로는 이동하면서 음악을 들을 수 있는 MP3 플레이어를 선보였다. mp3라는 음악 파일을 재생할 수 있는 기계였다. 지금은 스마트폰만 있으면 음악을 쉽게 들을 수 있지만 당시에는 스마트폰의 용량이 크지

▲ 초기 아이팟

않았고, 음악만 따로 저장해서 들을 수 있는 장치가 인기 있었다.

애플은 이 제품에 '아이팟'이라는 이름을 붙였다. 작은 크기에 가운데 손으로 터치해서 돌릴 수 있는 조그만 휠을 장치한 아이팟도 대성공을 거두었다. 그뿐만 아니라 사람들이 음악을 구하는 방식도 변화시켰다. 애플은 아이팟에 연결된 애플 뮤직 스토어에서 원하는 음악을 하나씩 파일로 살 수 있게 만들었다. 지금은 너무나 당연한 방식이지만 당시에는 아주 새로웠다. 애플의 아이팟은 전 세계로 퍼져나가 음악 만드는 방식, 음악을 파는 방식, 음악을 듣는 방식을 모두 바꿔 놓았다.

세 번째 제품이 바로 '아이폰'이다. 2007년 처음 공개된 아이폰은 혁

명적인 기계였다. 잡스는 "손으로 조작할 수 있는 커다란 화면의 아이팟, 아주 새로운 휴대폰, 인터넷을 이용할 수 있는 새로운 기기" 세 가지를 모두 하나에 넣어 아이폰을 만들었다고 한다. 아이폰은 2007년 6월부터 팔기 시작했고 1년 동안 600만대 이상이 팔렸다. 2008년에는 그때까지만 해도 가장 유명했던 스마트폰 '블랙베리'를 넘어서며 세계 최고의 스마트폰으로 거듭났다.

▲ 아이패드

다음으로는 '아이패드'가 개발되었다. 노트북보다는 작고 가벼워서 가지고 다니기 편하고, 아이폰보다는 화면이 커서 영상을 보거나 간단한 작업을 하는 데 적합했다. 또 노트나 다이어리의 역할을 대신할 수 있어서 공부나 업무를 하는 데도 유용했다. 처음 아이패드가 나왔을 때 세상은 "과연 사람들이 이 제품을 많이 사용할까?" 하고 의심했다. 왜냐하면 화면이 크다는 것을 제외하면 아이폰과 큰 차이가 없었기 때문이다. 하지만 아이패드도 엄청난 인기를 얻었다. '아이' 시리즈는 새롭게 선보이는 제품마다 인기를 끌었다.

애플의 제품은 사람들이 전자 제품을 사용하는 방식 자체를 변화시켰다. 또 디자인도 매우 아름다워 멋을 내는 패션 제품으로도 여겨졌다. 애플은 소비자들이 깜짝 놀랄만한 신제품을 발표하는 혁신적인 회사로 알려졌고, 애플의 제품만을 사랑하는 팬들도 많이 생겼다. 해마다 새로운 애플 제품이 발표되는 날을 전 세계의 팬들이 손꼽아 기다리게 되었다.

'아이' 시리즈의 성공을 바탕으로 애플은 크게 성장했다. 스티브 워즈니악과 함께 작은 차고에서 시작했던 애플은 현재 세계에서 가장 큰 회사 중에서 1등, 2등을 다투고 있고, 스마트폰을 만드는 회사 중에서는 가장 돈을 많이 버는 회사가 되었다.

스티브 잡스가 강조한 것

스티브 잡스는 가장 중요한 것을 골라 온 힘을 다했다. 애플을 떠났다가 다시 돌아온 다음 스티브 잡스가 가장 처음 한 일은 여러 가지 복잡한 것을 다 없애고 중요한 제품을 만드는 것에만 집중한 것이다. 그는 "무엇을 하지 않을지를 결정하는 것이 무엇을 할지 결정하는 것만큼 중요하다"라고 생각했다.

잡스는 젊은 시절 인도를 6개월 동안 여행하면서 동양의 '불교'에 심취했다. 그때 '단순함'에 깊은 감명을 받았다. 그래서 애플의 제품들은 모양이 단순하면서도 아름답다. 또 사용법도 단순하게 만들었다. 스티브 잡스는 처음 보는 사람도 바로 사용할 수 있도록 단순하게 만드는 것을 강조했다.

또 스티브 잡스는 처음부터 끝까지 모든 것을 완벽하게 만들려고 했다. 그래서 보이지 않는 컴퓨터의 안쪽까지 잘 정리되고 깔끔하게 만들었다. 스티브 잡스의 이런 특성은 아버지로부터 배운 것이다. 잡스의 아버지는 "훌륭한 목수는 장롱의 보이지 않는 뒷면까지 좋은 나무로 정성스럽게 만든다"라고 잡스에게 일러주었다. 스티브 잡스는 아무도 보지 않는 곳이라도 만드는 사람은 볼 수 있으니 아주 작은 부분이라도 소홀히 하면 안 된다는 교훈을 따라 애플의 제품을 만들었다. 이런 잡스의 신념이 세상을 바꾼 여러 기계를 만든 원동력이었다.

잡스가 남긴 것

스티브 잡스는 2003년에 췌장암에 걸렸다. 2004년에는 애플의 전 직원에게 자기가 아프다는 사실을 알렸다. 스티브 잡스는 병에 걸려서도 계속 일을 했다. 2009년에는 치료에 전념하기 위해 회사를 떠났지만, 간 이식 수술을 받은 뒤 건강이 좋아져서 다시 회사로 돌아왔다. 하지만 2011년에 다시 치료를 위해 회사를 떠날 수 밖에 없었다. 치료를 이어갔지만 잡스는 2011년 10월 5일 세상을 떠났다.

스티브 잡스는 그가 만든 제품을 통해 세상을 바꿨다. 손가락으로 터치해서 화면을 조작하고, 사진을 찍어 친구에게 보내고, 좋아하는 음악이나 책, 비디오를 휴대폰으로 사서 감상하는 일은 우리의 일상이 되었다. 이 모든 것은 스티브 잡스로부터 본격적으로 시작되었고, 앞으로도 계속될 것이다.

▲ 애플의 신제품을 구매하기 위해 기다리는 사람들

스티브 잡스는 세상을 떠났지만 사람들은 지금도 애플의 신제품을 기다린다. 새로운 제품이 나오는 날에는 누구보다 먼저 구매하기 위해 사람들은 여전히 애플 회사 앞에 길게 줄을 서서 밤을 지새운다.

컴퓨터가 처음 발명된 이후로 크기는 점점 작아지고, 계산 속도는 빨라졌어요. 오늘날 컴퓨터는 우리 생활의 곳곳에 자리 잡고 있어요. 밥을 짓는 전기밥솥, 빨래하는 세탁기, 집안 온도를 조절하는 에어컨, 텔레비전, 자동차 등 거의 모든 전자 제품 안에는 작은 컴퓨터가 들어 있답니다. 이제 컴퓨터가 없는 삶은 상상하기 어려울 정도예요.

단순히 주어진 계산을 하는 것 외에도 변하는 상황에 따라 복잡한 계산과 판단을 하는 기술도 크게 발전했어요. 컴퓨터가 사람의 '지능'을 흉내 내는 역할을 할 수 있게 되었답니다. 2016년에는 '바둑' 시합에서 인공지능 프로그램인 '알파고'가 사람을 이기는 모습을 보여 주었지요. 또한 계산과 판단, 추리 같은 '지적 능력'뿐 아니라 기쁨, 슬픔, 공포 같은 마음의 '정서'를 컴퓨터가 이해할 수 있게 하는 연구도 활발히 이루어지고 있답니다.

컴퓨터의 계산 방식을 근본적으로 바꾸려는 시도도 있어요. 물질의 최소 단위인 '양자quantum'의 특성을 컴퓨터에 활용하는 것이에요. 이것을 '양자컴퓨터'라고 해요. 양자 컴퓨터는 0과 1의 이진수가 아니라 '00, 01, 10, 11' 네 개의 기호로 계산을 해서 지금의 컴퓨터로는 풀기 어려운 더욱 복잡한 문제도 잘 풀 수 있을 것이라 기대하고 있어요.

이 모든 변화가 일어나는 데 걸린 기간은 놀랍게도 100년이 채 되지 않는답니다. 지금 이 순간에도 컴퓨터와 IT 기술은 엄청난 속도로 변화하고, 발전하고 있어요. 앞으로 변화와 발전을 이뤄낼 주인공은 바로 여러분이고, 그 뿌리는 우리가 지금까지 살펴본 사람들이랍니다.

과목 · 과정	초등학교 과정
5학년 과학	전기회로 / 전기와 자기 / 원자 / 전기회로 꾸미기
6학년 실과	기술 시스템 / 소프트웨어의 이해 / 절차적 문제 해결 / 프로그래밍 요소와 구조

과목 · 과정	중학교 과정
공통 정보	정보 문화 / 자료와 정보의 표현 / 문제 해결과 프로그래밍 / 프로그래밍 / 입력과 출력 / 컴퓨팅 시스템 / 컴퓨팅 시스템의 동작 원리
1학년 과학	정전기 / 정전기 유도 / 원소 / 원자 / 분자
2학년 과학	전기력 / 원자 모형 / 대전
3학년 과학	전류의 작용
기술 · 가정 1	기술의 발달과 사회 변화 / 기술 혁신과 발명 / 기술적 문제 해결
기술 · 가정 2	정보 통신 기술의 세계 / 정보 기술 시스템 / 정보 통신 기술의 특성과 발달 과정 / 통신 매체의 활용

과목 · 과정	고등학교 과정
일반선택 정보	정보 문화 / 문제 해결과 프로그래밍 / 입력과 출력 / 컴퓨팅 시스템 / 운영체제 역할
물리학 1	원자와 전기력 / 물질의 구조 / 양성자 / 중성자 / 전자
물리학 2	전하와 자기장 / 전기력선 / 정전기 유도 / 유전 분극

· 찾아보기 ·

세상을 발칵 뒤집어 놓은 IT의 역사

11명의 IT 혁신가, 새로운 미래를 열다

초판 1쇄 발행 2020년 9월 7일
초판 4쇄 발행 2021년 9월 2일

지은이 | 박민규
펴낸이 | 박유상
펴낸곳 | (주)빈빈책방
편 집 | 배혜진
디자인 | 기민주

등 록 | 제406-251002017000115호
주 소 | 경기도 파주시 회동길 325-12, 3층
전 화 | 031-955-9773
팩 스 | 031-955-9774
이메일 | binbinbooks@daum.net
페이스북 /binbinbooks
네이버 블로그 /binbinbooks
인스타그램 @binbinbooks

ISBN 979-11-90105-09-5